U0185729

吃饱了再减肥

康军仁 / 著

清華大學出版社
北 京

图书在版编目（CIP）数据

吃饱了再减肥 / 康军仁著.— 北京 : 清华大学出版社，2023.3
ISBN 978-7-302-62584-1

Ⅰ.①吃…　Ⅱ.①康…　Ⅲ.①减肥—基本知识　Ⅳ.①TS974.14

中国国家版本馆CIP数据核字（2023）第022861号

责任编辑：胡洪涛
封面设计：于　芳
责任校对：赵丽敏
责任印制：丛怀宇

出版发行：清华大学出版社
网　　址：http://www.tup.com.cn, http://www.wqbook.com
地　　址：北京清华大学学研大厦A座　　邮　　编：100084
社 总 机：010-83470000　　邮　　购：010-62786544
投稿与读者服务：010-62776969, c-service@tup.tsinghua.edu.cn
质量反馈：010-62772015, zhiliang@tup.tsinghua.edu.cn
印 装 者：三河市人民印务有限公司
经　　销：全国新华书店
开　　本：165mm × 235mm　　印　　张：10.5　　字　　数：168千字
版　　次：2023年3月第1版　　印　　次：2023年3月第1次印刷
定　　价：49.00元

产品编号：093916-01

序　言

我们国家居民超重和肥胖的发生率逐步增加，减肥成为大家生活中耳熟能详的话题。

其实，肥胖症是一种疾病，可以引起血糖、血压、尿酸升高，可以导致脂肪肝、多囊卵巢综合征等多种疾病。

作为一种疾病，肥胖症的诊断和治疗都有规范，科学合理的营养治疗是最基础、最安全的治疗，也是控制慢病，贯彻落实《“健康中国 2030”规划纲要》的重要措施。

营养治疗不是简单的不吃碳水，不吃晚饭，而是有专业的要求和设计。只是单纯的饿肚子，很难成功减肥，且容易出现并发症，如脱发、便秘、结石等。

所以，减肥看似简单，实则非常专业。近年来，来临床营养科减肥的朋友们越来越多。大家都发现，正规医院的临床营养科，实在是减肥性价比最高的选择。

本书系统地介绍了国内临床营养科门诊常用的几种减肥策略；探讨了减肥本身的客观规律；阐述了减肥中常见的问题和误区以及应对策略；同时，对于特殊人群如儿童、多囊卵巢综合征患者、糖尿病患者等减肥的要点也进行了详细说明；特别强调了生活方式干预如吃饭技巧、运动、睡眠等在减肥和预防减肥反弹中的重要作用。

本书作者康军仁大夫是外科医生出身的临床营养医师，在北京协和医院大外科完成外科住院医师规范化培训并获聘主治医师，主要从事营养不良的诊疗，擅长肠瘘、短肠综合征、神经性厌食、十二指肠淤滞和肿瘤晚期等疾病的营养治疗，可以说工作前十年主要是给“瘦人长肉”。

因此，在一本专门讲减肥的书中，康大夫专门写了一节怎么长胖的内容，当作“彩蛋”。

近年来，随着肥胖患者减重需求日益强烈，康大夫主要研究给“胖人减肥”，门诊的减肥的工作量越来越多，对于肥胖相关并发症的诊疗，有一定的经验和体会，尤其擅长多囊卵巢综合征女性朋友们的减重后备孕，赢得了广大患者朋友们的信赖和认可。

协和医生的培养，既要“在床旁看病人”，有一线临床实践经验；又要理论联系实践，讲究循证医学，了解熟知国内外最前沿的学术动向和最新的研究证据，并结合临床，归纳总结提炼，“一切以患者为中心”。在日常临床门诊工作之余，康大夫的爱好是“看文献”和“写文章”，能把最新的减肥研究说得头头是道，写的减肥学术论文也都发表在国际顶级期刊上，有一定的学术造诣。这种“学术惯性”一以贯之的，也似乎带到了本书里，在一本讲减肥的科普书里，每一个观点后面都有科学研究证据的支持，全书引用了一百多篇文献，科学性和专业性值得信赖，但同时也让人有些担心，会不会写成了枯燥的学术论文。通读全文后，我们都松了一口气，书中不是文献的罗列，而是针对减肥过程中的实际问题，多讲“为什么”和“怎么办”，侧重实践，文字生动活泼。

康大夫也是一位“科普达人”，医院宣传处也多次派他到 CCTV《健康之路》和《职场健康课》等栏目录制科普节目；他的科普文章也多次发表在新华网、人民网、健康中国、协和医生说和果壳等。

这本书是康大夫耕耘减肥领域多年实践经验的总结。希望他不忘初心，继续努力，在肥胖症的治疗和科普上取得更大的成绩。

感谢清华大学出版社给青年人搭建的展现平台。

祝愿想减肥的朋友们都能成功。

于康

北京协和医院临床营养科主任医师，教授，博士研究生导师，主任。

兼任国家营养标准委员会委员、国家健康促进与教育专家委员会委员、《中华临床营养杂志》副总编、《中华健康管理学杂志》副总编、中国营养学会副理事长兼肿瘤营养分会主任委员、中国医师协会营养医师专委会主任委员、中国老年医学会营养分会副会长、北京医学会临床营养分会主任委员等。

前 言

近年来，肥胖症的发生率在全球范围内显著增加，2016 年《柳叶刀》（*The Lancet*）报道中国肥胖人数位列世界第一，重度肥胖人数居世界第二。《中国居民营养与慢性病状况报告（2020 年）》发现，2020 年，在我国 18 岁及以上居民人群中，超重和肥胖人数达 50% 以上。

肥胖症是一组常见的代谢症群，会引起全身多个系统的并发症，例如，糖尿病、高脂血症、高尿酸血症、脂肪肝、黑棘皮病、多囊卵巢综合征、肾脏疾病、肿瘤等，这些并发症给个人、家庭和社会造成了沉重的负担，同时也增加了医保费用和国家公共卫生的投入。

对肥胖症的常见治疗方式包括对营养和生活方式进行干预、使用药物干预、手术治疗、心理干预和行为干预等，而科学合理的营养治疗结合运动干预仍是目前最有效、成本最低、最安全的肥胖症基础治疗方式，也是控制并发症，贯彻落实《“健康中国 2030”规划纲要》的重要措施。

在这种现状下，国内外有关减肥的研究若汗牛充栋，名称内包含肥胖症或以肥胖为名的学术期刊就有数十种，而关于肥胖的研究论文则成千上万篇。

减肥或者说体重管理，于国于民皆意义重大。而在实际生活中，减肥的误区也有很多。

大家在减肥过程中常追求效果而易致减肥过度。为此，往往会遇到各种各样的情况，例如，运动无效、脱发、月经异常、便秘、基础代谢降低……

比如每天跳绳 3000 个，同时配合其他的减脂运动，为什么 3 个月了体重不变？并且发现只要不运动，第二天就不会掉秤？

人体具有强大的自我调节能力，过度地减肥会造成人体肌肉消耗过多，当体重明显下降时，身体会开启自我保护机制来关闭部分功能，例如，生长头发。为此，不合适的减重一定会让人望着满地的头发而长叹。同时，如果是女性，过度减肥还会引起月经不调，甚至继发性闭经。如果长期如此，可能造成卵巢早衰，提前进入闭经。如果干预及时，体重恢复，月经可以恢复正常。

从理论上来说，减肥是一件容易的事，而在实际减肥过程中却完全不是这么一回事。

为什么肥胖后月经异常，过度减肥后依然会月经异常？月经异常后怎么办？

为什么节食减重容易出现基础代谢率下降？如何在保持正常基础代谢的情况下减肥？

为什么人会因为不会吃饭变胖？如何在保持健康饮食的情况下减肥？

为什么睡不好会变胖？如何在保持健康睡眠的情况下减肥？

为什么减肥后容易便秘？要如何解决便秘问题？

为什么减肥后容易脱发？要如何解决脱发问题？

为什么网上的减肥产品不靠谱？代餐减肥究竟是什么意思？

为什么做运动减肥没成功？如何有效地运动减肥？

为什么减肥能缓解糖尿病？糖尿病人如何减肥？

为什么减肥得花钱？如何在减肥中避免不必要的花销？

为什么过节容易胖？节假日如何控制体重？

为什么不建议吃减肥药？减肥时需要服用二甲双胍吗？

为什么现在的小朋友越来越胖？儿童应该如何减肥？

为什么减肥会反弹？减肥后反弹怎么办？

……

针对上述种种问题，不妨听一听站在减肥研究领域最前沿，拥有多年实践经验的一线临床医生的声音。

“协和减肥”是减肥朋友们这几年热议的话题，这一话题源自北京协和医院临床营养科专门设立的体重管理门诊，多年来在诸多患者的经历中得以验证。网络上各大自媒体平台上有大量与“协和减肥”话题相关的视频。

本书作者为北京协和医院临床营养科副主任医师，自 2014 年开始从事医学营养减肥临床和研究工作，近三年，每年门诊接诊超重或肥胖患者 2000 余例 / 次，共计帮助患者减肥逾万斤；2020 年帮助一名患者从 144kg 减到了 98kg。

为帮助超重或肥胖人群健康科学地减肥，作者结合国内外最新的研究和临床实践，将减肥过程中最常见的“为什么”和“怎么办”的问题深入地剖析和细致地描述，最终整理、总结，于是便成为此书，希望此书能够帮助广大肥胖患者科学减肥，健康减肥。

目录

01 减肥路上都是坑

减肥之路漫漫其修远兮，披荆斩棘，战友们谁还没踩过几个坑。

很多人在减肥之路上费尽心思，花个几百元去点穴减肥，买上千元的减肥饼干，甚至寻求各种渠道购买进口的“超级减肥药”……这些不正规的方法和产品在极短的时间内让减肥的人看到了明显的效果。尽管体重可能很快反弹，但是仍有很多朋友陷在短暂减肥成功的感受里，并在这些方法和产品中反复投入大量的金钱。然而，这些不正规的减肥方法和产品往往对人体健康有极大的威胁，对身体造成伤害的例子数不胜数。花钱事小，但是在不健康的减肥路上付出血的代价甚至生命，那就得不偿失了。

陷阱一 “迈开腿”，磨坏了关节。

大多数人会想当然地认为，减肥一定要“管住嘴迈开腿”。但是很少有人知道，对于肥胖人群，“迈开腿”并非最佳的减肥方式。

肥胖人群体重基数过大，身体关节部位负担重于普通人，动不动走两万步或者爬楼梯这些过于“迈开腿”的运动方式，不但难以满足肥胖人群的减肥需求，反而会使他们因为关节负担过重而出现运动损伤。

生活中，经常有肥胖人群第一次来医院就诊就是去骨科，原因就是运动不当出现了双脚骨刺、踝关节或膝关节磨损的症状，当是时，悔之晚矣。

如果您的体质指数（BMI）>28kg/m^2，年龄大于 40 岁，那么过于“迈开腿”一定不是最佳运动选择，切记！

陷阱二 “多运动”，评估心脏功能。

大多数人会想当然地认为，减肥一定要“多运动，要上强度”。但是很少有人知道，部分肥胖人群的血管里已经满是斑块，并且往往因为肥胖而导致心脏超负荷运转。

另外，少数人存在先天的心脏问题，他们在日常生活中可能没什么感觉，甚至对自己的心脏问题毫不知情，如果盲目增加运动强度，会让身体出现很危险的状况。

针对这类减肥人群，如果未对自身的心脏功能进行评估就盲目地增加运动量和强度，很可能会诱发急性心血管疾病，出现心律失常、心梗，甚至猝死。

为此，在制定运动计划前，不妨先评估一下心脏功能。

陷阱三 “粗粮好”，加重肾功能损害。

大多数人会想当然地认为，减肥一定要“多吃粗粮杂豆”。但是很少有人知道，对于肥胖人群而言，尤其是当他们同时患有高血压、冠心病和高尿酸血症等多种代谢疾病后，人体肾脏的功能也会受到损害。这种损害是日积月累、逐步出现的，因此有些年轻人最初抱着减肥的目的去看门诊，结果在检查后发现自身出现肌酐升高、蛋白尿等肾功能损害的表现。

粗粮和杂豆的蛋白效价略低且嘌呤含量略高，所以，慢性肾脏功能损伤，或者伴随高尿酸血症者，应该少吃粗粮杂豆，因为可能会加重肾脏损害和升高尿酸水平。

陷阱四 “新疗法”，别成了“小白鼠”。

大多数人会想当然地认为，有朋友用了“国际上流行的减肥新疗法，效果特别好”。但是很少有人知道，对于肥胖人群而言，正规的减肥方法只有饮食生活方式干预、药物和手术治疗等，这是基于已有的研究证据、专家共识和指南推荐的减肥方法。

“新疗法”，归根结底就是包裹着“高大上”外壳的、通过忍受饥饿带来体重下降的减肥方式。这些减肥方式往往是流于表面的，虽然有诱人的噱头，实则科学性不足，很难经得住临床研究和实践的验证。

使用这些方法，实现短期的体重下降多归功于饥饿，掉的体重往往是肌肉多于脂肪，虽然见效快，但同时存在严重的体重反弹问题，且容易因骨骼肌消耗造成身体健康水平下降，抵抗力下降等情况。

在此特别提醒，如果想要通过手术的方式对体重进行干预，那么一定要到具有完备资质的正规医院就诊，避免因手术流程不规范而造成伤口感染等后果，导致自身健康受到威胁。所谓的“新疗法”不一定“行”，要擦亮眼睛。

同样是减肥，大家盯着的是“掉了几斤”，很多减肥中心盯着的是“你的钱包”，而医生盯着的是“你的健康”。

减肥路上踩坑的案例数不胜数，要想达到安全而有效的减肥效果，不妨通过医院进行正规的治疗。

02 医学营养减重

减肥不能单纯依靠饥饿!

减肥是要限制能量的,“饿”一天两天容易,而长期“饿”是需要专业技巧的。

减肥的专业性特别容易被忽略,因为减肥是生活中太普通的一件事了,普通到没有“门槛儿”。举个例子,以当下生活小区为圆心,直径2km画一个圆,每个小区圈内都会有至少一家减肥中心。而且在“自媒体时代”,网络上各大自媒体平台也都有各种“减肥专家”提供的减肥食谱。同时因为协和减肥的流行,网络上很多自媒体博主将去医院减肥的流程写成攻略,这些攻略在网络上十分受欢迎,粉丝纷纷留言说快把食谱发上来……

然而这些网络上的减肥食谱显然是不靠谱的。

曾经有个阿姨来门诊咨询,说她的女儿以前有抑郁症,最近通过药物干预恢复较好,于是跟网络视频学了一种叫“燕麦牛奶减肥”的方法减肥,就天天吃牛奶燕麦,刚掉了三五斤很快又反弹,整个人状态又开始出现异常。网上有很多的减肥方法,例如,“21天减肥法”“苹果减肥法”“哥本哈根减肥法”(其实哥本哈根没有减肥法)……这些方法大多依靠噱头,实质上就是通过饥饿达到短期降低体重的目的。只要坚持饿肚子,前两三周肯定能瘦,但后期无论怎样节食,体重也不会发生变化,反而一吃就反弹。

但是,减肥易反弹还不是最可怕的。

有人自行“生酮减肥”,患上重症胰腺炎住进ICU;有人自行节食减肥,出现胆结石;有人减肥一味地吃粗粮杂豆,吃到痛风;有人抽脂减肥,感染死亡;有人去挂线减肥,导致伤口感染天天换药;有人服用网络上热门减肥产品,吃出各种身体问题;有人在训练营减肥猝死;有人乱吃代餐把肝肾功能吃坏。

这些现象并非危言耸听,而是经常发生的现实,所以说因减肥扰乱自身代谢规律反而是最轻的后遗症。为此，想要安全健康地减肥，不妨试试医学营养减重。

医学营养减重

第一，安全排第一。

同样是减肥，为什么一定要去医院进行医学营养减重呢？

减肥中心、网络热门减肥法、医院营养科或内分泌科……究竟哪一个最靠谱？哪一个性价比最高？哪一个最安全？

毋庸置疑，一定是医院。

医院营养减重最大的优势就是安全，在安全的基础之上再保证减肥有效果，这是患者和减肥中心所不具备的。

之所以强调安全减肥，是因为人在肥胖后有很大概率患上与肥胖相关的疾病，有一些患者自己不知道，此时带"病"减肥就可能有危险。

有的朋友第一次发现自己尿蛋白里有加号、血肌酐异常、肾功能有问题时，不是在肾内科问诊时，而是在想要减肥，前来体重管理门诊时。事实上，有约 6% 的肥胖人群存在肾功能异常，异常情况出现的原因部分和肥胖有关，然而他们自己是完全不知情的，这时他们再去盲目减肥、乱吃代餐吃粗粮杂豆很可能会加重肾功能损伤，诱发不可逆的损害。

有的朋友第一次发现自己血压高也是在来营养科门诊减肥时。有部分小朋友体重增加后家长也不太在意，结果一测量血压 200 多 mmHg，甚至恶性高血压。这时，家长们只好带领小朋友先去看内科。在这种情况下盲目减肥，尤其是参加高强度的减肥训练营是十分危险的！

有的朋友第一次发现自己心脏有先天缺损也是在来营养科门诊减肥时。平时活动无影响，但确实存在器质性的缺损，必须要手术治疗，只好先去外科手术。这时盲目减肥，尤其是参加高强度的减肥训练营也是十分危险的！

还有其他疾病会导致减肥出现各种问题，例如，糖尿病、高尿酸血症、高脂血症、多囊卵巢综合征、抑郁症，甚至乳腺癌、子宫内膜癌、甲状腺癌等，在这些疾病的影响下，哪里的减肥机构又能比医院安全呢？毕竟在医院，所有的问题都会有专业的医生来处理。

选择医学营养减肥，不仅仅是因为医生懂得诊断疾病保证患者安全，也因为医学营养减重是真正具有核心科学理论支撑的。

经常有朋友们问，江湖上，减肥秘籍千千万，到底有没有面向减肥的“易筋经”的存在？这个还真的有。百名营养专家呕心沥血批阅三载，增删数次写出来一部往上推有理论高度，往下走易落地操作的“易筋经”——《中国超重 / 肥胖医学营养治疗专家共识（2016 年版）》（以下简称《共识》）。

以《共识》为基础，医学营养减重有一个标准化的流程，从第一次来营养科门诊，做怎样的评估，做怎样的干预，有问题后又应该做怎样的处理，每一步都是标准化的，是严丝合缝的，安全的，有效的。

第二，先风险评估

基于安全性方面的考量，在正式开始医学营养减重前要先评估风险。

在医院营养科门诊问诊时患者可能会被医生问及这些问题：体重增加的情况；有没有合并脂肪肝、糖尿病等情况；平时饮食运动睡觉等生活习惯；有无自行减肥和反弹的经历。对于女性还要了解月经、婚育史、既往用药情况等。

在营养科门诊减肥，首先需要做以下身体检查。

（1）身高、体重、腰围、体质指数（BMI）、身体成分和血压。

（2）血常规、肝肾功能、血脂、甲状腺功能、胰岛素、糖化血红蛋白、维生素 D 等。

（3）尿常规、24h 尿蛋白和尿肌酐比。

（4）心电图和心脏彩超。

（5）肝胆超声和泌尿系统超声。

以上的检查并非“过度医疗”，而是针对肥胖患者可能患有的疾病的全面“摸底”。

检查血常规是因为有人长期吃素、长期节食、长期月经异常，可能会出现贫血；检查肝肾功能是因为肥胖后可能会出现肝功能异常，转氨酶升高等情况；检查血脂是因为肥胖后血脂异常太常见，血脂过高时患者需要进行药物干预；甲状腺功能异常，无论甲亢或甲减，都会导致基础代谢率不稳定，减肥减不动；检查胰岛素和糖化血红蛋白是因为很多肥胖患者会伴有胰岛素抵抗，有人合并血糖异常；检查维生素 D 是因为很多人久坐室内，维生素 D 严重缺乏，影响减重；检查尿常规是因为有人长期不吃主食，尿液呈酮体阳性；检查 24h 尿蛋白和尿肌酐比是肥胖或基础肾脏疾病可能会导致这些指标异常；检查心电图和心脏彩超是因为很多肥胖患者心脏代偿性偏大，或者先天合并异常；检查肝胆超声是因为肥胖后脂肪肝太常见，部分患者长期不吃早饭易患有胆囊息肉或结石；检查泌尿系统超声是因为有人自行节食后出现肾或输尿管结石。

病史询问也是一样的道理，如果有类似库欣综合征、甲状腺功能减退症、肢端肥大症等基础疾病；有抗精神病药、抗抑郁药、抗癫痫药、抗组胺药等用药情况，在不加了解的情况下盲目减肥，很可能事倍功半，还扰乱了患者自身的代谢，进一步影响患者健康。

医学营养减重和其他的疾病门诊就诊一样，按部就班地询问病史、查体和进行各种辅助检查，力求诊断明确，风险评估完整，而后“量身定做”营养方案。

第三，疗效有保障

医学营养减重有疗效，经历过的都知道，大多数肥胖患者在医院营养科门诊诊疗后，平均每月减 3 ~ 4kg；不用太饿，有时候还吃得挺多；不太反弹，长期随诊可以保持稳定的体重。

因为有理论高度，《共识》中百名营养专家在国内外减重科学研究的基础上，进一步引申和总结了减重策略。

例如，高蛋白膳食方案，能够改善胰岛素抵抗，不容易反弹；轻断食膳食方案，学术地位很高；限能量平衡膳食，能够维持减肥后体重不反弹，是减肥的“正道之光”。

因为有定期随诊，医学营养减重的标准化流程既考虑了肥胖的共性，也考虑到患者的个体情况，在减重过程中会不断地微调。每个月的随诊，医生都会给患者写下个月的减重目标和要强化的内容，提供应对新问题的方案等。定时随诊，是持续减重、安全减重和防止反弹的有效策略。

减肥不是体重减得越快越好，而是把握节奏，稳中有降。医学营养减重能保护肌肉组织，只减肥肉，因此能使患者基础代谢率保持稳定，不容易反弹。

第四，性价比最高

医学营养减重，又是“私人定制”，又有疗效，那花费也不少吧？

非也。实际上医院营养减重相关费用有普通挂号费每次 50 元左右，上文提及的相关检查费用，各地可能有些许不同，大约是 1000 元左右。并且这两部分的费用很多时候因为合并脂肪肝、高血脂、高尿酸血症等疾病，还可能通过医保报销。

减肥任重而道远，“久经考验”的朋友们在减肥上的经济投入不少，比较之下，医学营养减重是十分划算的！

03 限能量平衡膳食，正道之光

协和营养科常用的减肥方案有三种，即高蛋白膳食、间歇禁食（轻断食）和限能量平衡膳食。

限能量平衡膳食，顾名思义，是在大家日常饮食的平衡膳食基础上进行摄入能量限制，是长期减肥最适用的膳食模式，是减肥膳食的“正道之光”。

限能量平衡膳食的分类

一说限制能量摄入，大多数人可能会想，这不就是管住嘴吗？不就是能量负平衡吗？实际上，限制能量摄入跟网上说的饿肚子完全是两码事儿。

限能量平衡膳食，不仅仅是少吃，而是要将重心落在平衡膳食上，要有肉蛋奶蔬果主食，以此为基础，适当地控制能量的摄入。

能量限制多少合适呢？有三种常见的限法。

第一种，按比例减少。例如，减少人每天能量需求总量的 25%、30% 或 50% 及以上。这种限制方式较为激进，适合短期内做减肥研究用，不建议用于生活中；此外，每天只给总能量的 70%，减少 30% 左右则更常见，这在各种减肥研究中采用得最多，其针对一年期的减重治疗而言是相对安全的。

第二种，按数值减少。例如，在每天的总能量需求基础上减少 500~750kcal 也是减肥研究中常用的策略，算下来之后同第一种减少 30% 的能量需求接近，也很安全。

第三种，给予固定的能量。例如，不考虑体重与 BMI 数值，让患者每天固定摄入 1000~1500kcal，或者男性 1500kcal，女性 1200kcal。在减肥研究中，每天摄入 1200~1300kcal 是相对安全的，也有每天摄入 1000kcal 的研究，但不建议长期进行，而且需要患者每个月定期监测身体状态，以免出现严重的并发症。

这里会有另外一个问题，人每天都有能量和蛋白质的需求，在限制能量后，时间长了，会不会出现营养问题？

答案是会，这是一个要强调的问题！

减肥餐不是正常饮食！

这是专业人士和想要减肥的人士一定要认清的事实。

减肥餐不是正常饮食。正常饮食的指导标准有膳食指南，有膳食宝塔，但减肥餐不是的，它一定是要有能量限制的，而且是持续的、有期限的能量限制。满足这两个条件，才能达到很好的减肥效果。

但是能量限制时间过长，会导致出现营养缺乏，引起相关并发症。如果说能量限制就是饿肚子三五天，还去找个营养师咨询怎么饿，有必要吗？可能没必要！但想要饿三个月甚至半年，这个时候就需要专业的指导！看似简单的事情，时间跨度长了，要求一定会高的，要有一点点专业的指导。长期的非正常吃饭，一定是要有专业的指导，专业营养科给的限能量平衡膳食方案，好处多多。

能减肥

限能量平衡膳食能减肥，这是肯定的！

来看一个研究，2018 年，澳大利亚的科学家们找了 332 个肥胖的人去减肥，随机分成了限能量平衡膳食和两种轻断食（5+2 轻断食和周断食）共 3 组。限能量组给的是能量固定值，男性每天给 1200kcal，女性 1000kcal，干预了 12 个月，比较减重效果和身体成分的变化。

一年后，单纯的限能量平衡膳食组平均每人减掉 6.6kg 左右，和轻断食组的减重效果差不多。

所以限能量平衡膳食能很好地实现体重下降。

第二个研究，叫卡路里研究（CALERIE）。卡路里研究是限能量平衡膳食的一个经典研究，从 2007 年开始，科学家们在美国的 3 个地方进行观察，将研究对象分为限能量组和对照组。

限能量组采取按比例限制、减少 25% 能量摄入的方式；对照组则正常吃饭。两年之后，研究发现限能量组平均减重 7.5kg 左右，结果好于对照组。

由此得知，限能量平衡膳食的减肥效果是毋庸置疑的。

卡路里研究更厉害的地方在于其从 2007 年开始一直持续到目前，几乎每年都有研究论文发表，而且都是影响力很大的文章。

除减肥效果之外，此项研究还发现另一个重要的结论，即限制能量后人的心血管疾病危险因素指标都显著改善了，也就是说心血管疾病发生的可能性降低了。心血管疾病是人群全因死亡率较高的疾病，如果限能量平衡膳食可以改善这些指标，降低心血管疾病的风险，那是不是意味着人类可以更长寿？

能长寿

限能量平衡膳食能使人长寿？是的！

事实上，有关限能量平衡膳食是否能长寿的研究特别多。2020 年笔者所看到的 3~5 篇相关文献既有论文综述，也有相关研究。这些文献最后都能得出一个结论，适当限制能量后，人能够更长寿。

其实这个结论古已有之。生活中有些谚语常识，如吃饭八分饱、早吃好、晚吃少等，为什么要稍微欠一口别吃太饱呢？因为适当限制能量能够使人长寿！老外用实验研究验证了类似的经验。

来看一个地中海饮食联合限能量的研究。

地中海饮食作为世界上公认最健康的饮食之一，其利于人的心血管健康、长寿等，被各种膳食指南所推荐。那么，在地中海饮食的基础上，再去联合限能量平衡膳食，会不会是“强强联合”、协同效应更好？会有怎样的效果呢？

有研究者在西班牙的 23 家医学研究中心组织了大约有 6800 多人参与这次研究，将这些人随机分为干预组和对照组。干预组是在地中海饮食的基础上限制能量，采用按比例限制的方式减少 30% 热量摄入；对照组只是单纯地采用地中海饮食。干预一年以比较地中海饮食依从性评分的变化，结果发现，恰恰是限能量的地中海饮食依从性评分会更好，这证实了限能量能增加依从性。

地中海饮食作为公认的健康膳食，其依从性评分是做研究时的一个非常客观的指标，评分的高低决定了依从性的好坏，依从性越好，地中海饮食效果会越好。

2019—2021 年的时候，有一个专门针对地中海饮食的依从性评分研究，该研究发现地中海饮食依从性特别好的人比依从性特别差的人寿命可以多 5 年，由此得知地中海饮食依从性好，能长寿！

得平衡

进行能量限制时应知道，限不好，易反弹！

有很多网上流行的减肥方法，如哥本哈根减肥法（在此强调一下，哥本哈根没有减肥法）、苹果减肥法、过午不食减肥法等，都是“噱头”之下的饿肚子减肥法。采用这些方法第 1~2 周，甚至 1 个月的时候，体重能减是因为吃得少了，能量降低导致体重下降。但是问题很快就出来了，没有经过科学设计和规划的减肥，往往减掉的不全是肥肉，甚至掉的全是肌肉，肌肉少了后意味着基础代谢率的下降，基础代谢率下降后，再去节食，体重也不会掉，而且稍微一吃马上反弹。因此，没有科学的能量限制规划，体重特别容易反弹。

限能量一定不是单纯地少吃，要讲科学，要在限能量的同时平衡膳食。

平衡膳食是中国营养学会推荐的饮食策略，是人们正常吃饭的健康之道。

限能量平衡膳食是在平衡膳食的基础上减少 30% 的能量摄入，但其三大营养物质的摄入比例跟普通的平衡膳食是一致的，因此能够尽量保证人体能量和营养物质的均衡，不容易出现并发症和相关的问题。除了单纯限制以外，其实还有一些注意事项。例如，一些容易缺乏的微量营养元素可能还需要额外补充；要注意饮水；要注意膳食纤维的摄入等。这些细节是医学营养减重给大家制定方案的时候要考虑的因素。

要专业

因为减肥膳食不是正常吃饭，长期限制能量摄入可能会出现各种疾病和并发症，即便是专业设计的减肥方案，定期随诊的减重科学研究也会面临各种问题，如患者疲劳、便秘、脱发、肾结石、低血糖等。

作为专业的营养师也好，营养医生也好，除了制定减重方案，还要对减肥过程中可能的不良反应进行观察和应对，所以医学营养减重建议患者定期随诊。为什么要随诊呢？是因为医生需要了解患者的减肥目标实现了没有？水喝得够不够？有没有便秘？有没有脱发？有没有其他的异常情况？假如有这些情况，随诊医生会及时作出校正。

然而，很多减肥的朋友喜欢在网上搜一个减肥食谱，说这个食谱是协和门诊给的食谱，或者说在网上花钱买了个食谱……笔者并不推荐这种方式！因为减肥一定不是一个食谱的事，门诊的减肥方案是专业人士针对每个人而个性化制订的，不一定适合所有人。

哪些人适用?

有客观减肥需求，且没有严重的器质性疾病或肝肾功能异常的人都可以在医生的指导下尝试，尤其适于已经减肥成功后患者的体重维持。

04 高蛋白，减得快

协和营养科常用的减肥方案有三种，其中之一为高蛋白膳食。

高蛋白膳食

顾名思义，高蛋白膳食是增加了膳食中蛋白质的比例。

在日常膳食平衡状态下，蛋白质供能比例约占 15%，而在高蛋白膳食模式下，蛋白质供能比例约为 20%，高蛋白有利于维持肌肉。在具体实施方案时，可采用乳清蛋白粉来替代部分蛋白质食物，以控制能量摄入，增加依从性，以提升短期减重效果。

高蛋白膳食还能叠加代餐效果，是减重前 3~4 个月效果较好的方法，且能较好地保护骨骼肌和维持基础代谢率，不易反弹。

但有些人可能会有疑问，既然高蛋白膳食增加了蛋白质供能的比例，那健身达人使劲地吃蛋清、鸡胸肉和牛排，喝蛋白粉和奶昔，不都是采用的高蛋白膳食吗？

不是的！

本书的高蛋白膳食方案不是让患者随便地增加蛋白质摄入，而是基于《共识》建议而制定的高蛋白膳食方案。对于单纯肥胖的人群而言，尤其是伴随血脂升高，高胆固醇，脂肪肝的人群而言，高蛋白膳食有明显的减肥效果。但是这一方案并不适合所有人，因为有些人吃了高蛋白膳食会出问题的！

高蛋白膳食，谁不能吃？

视频网站上经常有朋友们把自己的高蛋白膳食方案无私分享，收获点赞声一片。

其实，这样的分享可能有点危险，因为营养科医生给患者的诊疗方案都是经过评估后，给予患者的个体化建议，理论上只是适合问诊患者本人，而对别人而言并不一定适合，尤其是高蛋白膳食方案。“赠人玫瑰手有余香”，分享一下本是好心，但可能会给别人增加麻烦，因为并不是所有人都适合高蛋白膳食方案！

有的人在肥胖后却不自知自身肾功能已经出现问题。事实上，在肥胖人群里大概有 5%~6% 的人会有肾功能的病变，具体表现在血肌酐升高，出现尿蛋白。这些朋友们盲目地去进行高蛋白膳食减肥容易引发严重后果！

因为，如果是单纯肥胖引起的肾功能病变，通过其他方法减肥后是有可能恢复正常的，但如果本身患有肾脏疾病，那么盲目摄入高蛋白膳食可能会加重肾功能损伤，造成不可逆的损害。

减肥不是正常吃饭，越是专业的减肥方案越不能盲目去做，一定要让医生做好专业评估，量身订做，再去执行。

基于 2016 版《共识》的高蛋白膳食方案是有明确的适应证和禁忌证的，哪些人能用，哪些人不能用，《共识》上都有具体的要求。而且，制订具体方案也是需要根据患者本人的代谢情况、身高体重“量体裁衣”的。

高蛋白来源

常见的蛋白质食物来源包括瘦肉、蛋、奶和豆制品，增加高蛋白膳食中的蛋白质比例，不太建议单纯地通过鸡蛋、牛肉或鸡胸肉等，因为按照 20% 的蛋白质供能比来计算，单纯的食物来源会使蛋白质摄入量增加很多。

而且单纯通过食物摄入蛋白质，在蛋白质摄入增加的同时，其他营养素的摄入也可能超标，如钠超标。另外，过多摄入肉类的产酸效应会增加相关结石的风险。

因此，把摄入的 50% 蛋白质以乳清蛋白粉来替代可以在一定程度上解决上面的问题，且由于这样叠加了部分代餐的效果，具有代餐效应的加成，能够让减肥效果更好。

但是，高蛋白膳食方案不能简单地等同于乳清蛋白粉的替换，蛋白粉谁都会喝，但能喝出道理来，那就需要专业性！需要来医院的营养科制定高蛋白膳食方案！

高蛋白膳食，减得多

有一项膳食减重的经典研究发表在2009年的《新英格兰医学杂志》（*The New England Journal of Medicine*，NEJM），参与这一研究的811人被随机分为4组，分别接受4种饮食模式：高蛋白（25%）高脂肪（40%）、高蛋白低脂肪（20%）、低蛋白（15%）高脂肪和低蛋白低脂肪。

膳食干预6个月后，4组人都能减重，平均减了6kg；两年后的随访表明各组平均减重3~4kg。

各组之间没有统计学差异，但高蛋白组确实减得多，这个跟实际工作中的结果类似。

在长期减重效果方面，减重方法可能造成的差别不大，依从性可能更重要，高蛋白膳食对方案贴合度好的人而言减重效果更好。

高蛋白膳食，改善胰岛素抵抗

高蛋白膳食减肥除了减轻体重之外，其另一个优势在于对胰岛素抵抗的改善。

有研究人员通过对2004—2012年的10个随机对照研究进行荟萃分析，发现采用高蛋白膳食可以显著降低空腹胰岛素水平，改善患者的胰岛素抵抗的情况。

高蛋白膳食，反弹少

很多研究发现采用高蛋白膳食减肥，患者体重的反弹相对会少一些。

2010年，《新英格兰医学杂志》的DIOGenes研究分组更为细致，其选择已经减重8%的肥胖人群，给予5种膳食模式：高蛋白（25%）、低蛋白（13%）、高血糖生成指数、低血糖生成指数和对照膳食组，按照2×2析因设计干预26周，之后比较各组体重反弹情况。

研究发现低蛋白质组样本的体重反弹显著高于高蛋白质组，平均每人多反弹1kg。在所有干预组中，只有高蛋白质联合低血糖生成指数膳食组的体重没有反弹，平均每人体重继续下降近1kg。

所以，高蛋白质联合低血糖生成指数膳食更不容易令患者体重反弹。

糖尿病患者能不能采用高蛋白膳食方案？

高蛋白膳食减得快，所以很多肥胖同时出现血糖异常的朋友们也很想尝试，毕竟，确诊 3~6 年以内的糖尿病患者能通过减重实现病情缓解。那么糖尿病能不能采用高蛋白膳食方案呢？

患者对这一问题的顾虑之处在于长期患有糖尿病的患者肾功能可能已经受到损害，甚至引起糖尿病肾病，这时候再增加蛋白质摄入，会不会加重肾功能的损害？

可以来看看相关的研究。这个研究发表于 2012 年，在 3 家医院进行，选择糖尿病合并肥胖人群，令患者总能量摄入都减少 500kcal，并将之随机分为高蛋白组（30%）和低蛋白组（15%）。

（注：这些糖尿病病人的病史平均在 8 年左右。）

干预 24 个月后，研究人员发现两组都能减重，但二者没有太大差别。

所以，糖尿病是可以采用高蛋白膳食方案的，但需要满足一些要求。例如，患者的糖尿病病史最好在 6 年以内。虽然在研究中病史 8 年的患者也可以进行高蛋白饮食，但科学研究有严格的准入标准，而且有定期的复查随诊，这些标准比实际生活中要高得多。为保证安全，进行高蛋白饮食还是建议糖尿病病人的病史在 6 年以内为宜，3 年以内效果更好。

能不能进行高蛋白饮食需要评估患者的肾脏功能相关指标，包括尿蛋白、血肌酐等，甚至需要做肾脏超声，只有肾脏无特殊的问题才能考虑。如果患者的糖尿病伴随其他严重并发症的则需要慎重，尤其有肿瘤病史的患者。

再次强调，不要自行照着网上的食谱去做高蛋白膳食减肥方案，尤其是糖尿病患者们，一定要来营养科找专业医生问诊！

为什么要让营养科医生设计高蛋白膳食方案？

第一，高蛋白膳食减肥并不是对所有人都合适，如果年龄小于 18 岁或者大于 65 岁；如果存在肾功能问题，或其他严重疾病，那么这类患者并不适合高蛋白饮食，患者一定要去医院做评估，否则就是对自己不负责任。

第二，高蛋白膳食需要严格设计，要限制能量摄入，要计算蛋白质的摄入量，要考虑补充微量营养素……

第三，定期随诊，虽然高蛋白膳食减肥不容易反弹，但不随诊一定反弹，研究中所有减得好，反弹少的人一定是依从性最好的，定期随诊是强化依从性的好办法。

第四，减重安全第一，如果减肥减出来问题，那将是得不偿失的！

第五，高蛋白膳食减肥一般持续 3~4 个月，要减得快，并不难做到，而且很安全。但是，在医学营养减重实践中，通常 3~4 个月后会更换方案。

05 轻断食，网红之外

“轻断食”，不仅仅是一种网红减肥法，也是有科学依据的减肥方法，其专业名称叫“间歇性禁食”（intermittent fasting）。2019 年，《新英格兰医学杂志》专门给间歇性禁食做了综述文章，所以，间歇性禁食在学术界是有地位的，是非常专业和靠谱的一种饮食干预策略，可以减肥，可以长寿……

什么是“轻断食”？

“轻断食”即间歇性禁食，是指采用不同种类的禁食策略以实现减重或改善代谢的饮食模式，是常见的通过营养和生活方式强化干预肥胖的策略。间歇性禁食可以增强人体对氧化和代谢应激的内在防御，可以改善胰岛素抵抗症状，实现体重减轻和改善代谢指标。间歇性禁食在临床上应用广泛，在长期研究中也被证实具有较高的安全性。

所谓“禁食”古已有之，例如，辟谷，是传说中道家常用的养生之道，现如今也能看到以“辟谷”为名的训练营，有很多明星、名人在郊区找一些看似高端高贵的寺庙，然后去了之后就不吃任何东西，只提供水，出来之后仿佛觉得心灵得到了净化，体重得到了减轻……这都是能看到的表象。实际上，一线的医生们能够见到许多因过度辟谷而晕倒的、出现代谢性脑病的患者。“辟谷”或禁食策略多样，不合理的禁食是会出问题的，网上流行的“轻断食”方案以及出现的“辟谷”训练营良莠不齐。以学术研究为基础，本书介绍了 3 种相对靠谱的轻断食式方法，分别是常见的有限时禁食 (time-restricted feeding)、隔日禁食 (alternate-day fasting) 和 5：2 禁食 (intermittent fasting 5:2 diet)。其他的断食法如周断食、月断食等往往需要更长的断食时间，实际操作有难度。

限时禁食 (time-restricted feeding)

所谓限时禁食，即每天只能在 8h 的范围内随便吃，没有严格的限制，但是 8h 以外的时间只能喝水，不能吃其他食物，也有研究采用 6h 或 4h 范围进食。

限时进食能减肥，有一个发表在 2020 年的研究。

样本量不大，分为 3 组：

第一组，4h 进食，15:00—19:00 随便吃，种类也不限，其他时间只能喝水。

第二组，6h 进食，13:00—19:00 随便吃，其他时间不能吃东西，只能喝水。

第三组，正常饮食对照。

干预 8 周，比较三组体重和心血管代谢指标的变化。

本次研究发现，禁食组 8 周能减重 3%，并改善胰岛素抵抗，这在一定程度上揭示了限时禁食的实质，即限时期间再怎么随便吃，在如此短的时间内能量摄入也可能低于正常饮食。例如，本研究发现禁食组能量摄入比正常饮食平均少了 550kcal，所以能量负平衡后，短期内一定会出现体重下降。但有意思的是，禁食 4h 和 6h 的两个对照组之间并没有体现出统计学差异。代谢指标的改善也不难理解，因为伴随体重下降，代谢指标是一定会改善的，而代谢指标改善到底是不是因为限时禁食，则还可能需要进一步进行大样本、长时间的研究。

限时进食减重有效的机制，一方面，可能是能量摄入减少，另一方面，从理论的角度上来讲，可能是改变了大脑里的生物钟，生物节律发生了变化，起到减重和改善代谢的作用。

不过，在实际生活中，每天只允许 13:00—19:00 进食的方式对很多人而言坚持上 1~2 周乃至 1 个月较为容易，但长时间地采用此方法则并不是所有人可以坚持下来的。巴西科学家的研究发现限时禁食 12 周后可以减重，但观察期延长到 1 年后，减重效果将大打折扣。

所以，从长期效果上看，限时禁食仍值得进一步探讨。

隔日禁食 (alternate-day fasting)

隔日禁食也叫隔日断食，即 1 周 7 天，在不连续的 3 天通过进食摄入总能量需求的 30% 左右，剩下的 4 天正常或稍多一点进食。

这是一个从 2011 年到 2015 年的单中心随机对照研究，100 个志愿者，从 18

岁到 64 岁，BMI 平均值是 $34kg/m^2$，被随机分成 3 组。

第一组，正常饮食对照。

第二组，限能量平衡膳食，每天给总能量需求的 75%，通俗地说，每天只吃七分饱。

第三组，隔日断食，每周不连续的 3 天给总能量需求的四分之一，剩下的 4 天正常吃，或额外多 1/4。

干预 6 个月，随访 6 个月。

从结果上看，隔日断食确实能实现体重下降，同时降低人体患心血管疾病的风险和胰岛素抵抗等。与单纯的限制能量“七分饱”相比，隔日断食对照组 1 年后平均减重 6%，而“七分饱”对照组 1 年后平均减重 5.3%，由此得知隔日断食对照组减肥效果略优于限能量平衡的对照组，全面优于正常饮食对照组。

通过持续 1 年的研究，研究人员认为隔日断食有效且安全。

5：2 禁食 (intermittent fasting 5:2 diet)

5：2 禁食，指 1 周内不连续的 2 天摄入总能量需求的 30% 左右，剩下的 5 天正常饮食或稍微减少能量摄入。

跟前两种断食相比，不论是限时段 1 天只能吃 6h，或者是隔日段 1 周内要有 3 天饿肚子，5：2 禁食更容易让人接受，7 天里面少吃 2 天，做起来总会相对更容易一些，更能够让人长期坚持。

这是挪威的一个随机对照研究，研究样本为 110 名腹型肥胖且存在一种以上代谢性疾病的患者。所有人均给予“七分饱”，减掉总能量需求的 28%，并在此基础上根据方案不同随机分为对照组和 5：2 轻断食组。轻断食组在断食日，男性每天限制摄入 600kcal，女性限制摄入 400kcal。

干预 6 个月，随访 6 个月。

1 年后，单纯限能量对照组平均减重 9kg，轻断食对照组平均减重 8kg，从统计学上来说，二者没有差异。

此次干预期为一年的研究成果证实两种减重方法的差异并不大，5：2 禁食还是很安全的。

2020 年，新西兰科学家特意比较了 5：2 禁食干预 6 周前后，患者人体营养摄入的变化，结果发现6周后碳水化合物的摄入稍微少一些，非断食的能量也稍微少一些，钙、锌、镁要比正常的稍微低一点，但基本都是在安全范围之内的，所以得出结论，5：2禁食是安全的，是能够接受的。

6周左右的5：2禁食基本安全，但长时间进行的话，一定要有专业的监测。

为什么轻断食能减肥？

轻断食不就是禁食饿肚子吗？天天只吃一顿饭，同样是饿，为什么轻断食就能减肥，饿肚子就容易反弹？

这是因为轻断食拥有复杂的机制。

一方面，轻断食有限制能量的优点，例如，其可以改善肥胖、胰岛素抵抗、血脂异常、高血压和消除炎症。

另一方面，轻断食本身也可以促进人体健康，实现“代谢转换”的过程。在这个过程中，轻断食能够让人体内的细胞生长可塑性结构和功能性组织重塑，激活适应性细胞的应激反应信号通路，从而保持线粒体健康，增强DNA自我修复能力，减少胰岛素抵抗……

同时，轻断食还有调节生物节律的作用，能改善代谢，减轻体重。

这些机制不仅对于肥胖有治疗作用，对于糖尿病、冠心病，甚至是一些特异的肿瘤都能够达到一些很好的治疗效果。

轻断食也有并发症！

在拥有众多优点的同时，轻断食这种方式也存在一些缺点，长时间轻断食很可能使人体产生脱发、便秘、易于疲劳等不良反应，这是所有减重方法的通病，轻断食也不例外。

作为非专业人士，如果不了解这些不良反应则很难去合理应对。所以生活中经常能够见到一些人为了减肥硬生生挨饿，结果出现了脱发、便秘等不良反应，甚至有人出现胆囊结石、肾结石、胰腺炎等各种各样的病症。

为防止出现不良反应，患者一定要了解营养师或者医生参与的专业性和重要性，在减肥过程中按时进行每个月的定期随访！

前文提到的减重研究和实际生活中的减重方式还存在一些差异，参与研究的患者有医生定期监测，如果出现严重并发症会被叫停，而实际生活中多数患者却并不具备这些条件，比如购买轻断食的书进行减肥的患者，尤其是高执行力的患者在长时间的轻断食之后可能会出现越来越多营养素摄入的缺口，进而出现各种问题。

所以，不要盲目轻断食，请在医生的专业指导下进行。

医学营养减重

医学营养减重的专家共识几乎就是中国 100 多位知名营养专家共同“批阅三载，增删五次”制订的，在保证安全第一的情况下进行的有效减肥方案集。

轻断食如何评估，5∶2 禁食如何实施，在《共识》中都有相应的流程和标准，患者采用这些方案时要每月随诊以保证疗效并及时通过专业医生应对出现的问题。

06 减肥的时间规律

曾有一位患者和母亲一起来协和营养科门诊就诊，说到母亲为他在北京周边报了一个减肥训练营，仅一个月就减掉了 10 多斤，妈妈觉得不是特别放心，要他到医院看一看。

减肥训练营很流行，在他们的宣传中有减肥前后比较的照片，看着很有效，减肥很成功……但有一个小细节往往被患者忽略，那就是减肥训练营的收费大多数只收 1 个月的，很少有连续收费 3 个月以上的。这是为什么？难道他们不愿意多收几个月，多挣钱吗？

实际上并不是他们不想多赚钱，而是他们不能！

一个月减掉 5kg，甚至更多，看似是十分成功的案例，但只要稍作思考就知道这种状况要想持续是不现实的。如果每个月都减掉十几斤的体重，一年半载后人体又会变成什么样子？正常的减肥过程，不是一条匀速下滑的直线，而应是一个平缓下降的曲线。

这个过程中，减肥第一个月，稍微饿肚子配合运动都会得到良好的减肥效果。但进入第 2~3 个月后，还采用单纯的饿肚子方式则很难见效，因为人体已经适应了这种代谢方式，所以吃得再少也不会得到明显的减肥效果了，所以减肥训练营很少有收费 3 个月以上的，这其实是“实践出真知”。

因为缺乏专业的医生指导和过程设计，所以参与减肥训练营的训练计划会给身体带来很多并发症，这类训练营发生的猝死事件在网上随处可见，其他的并发症也层出不穷……前文提到的朋友参加训练营一个月后前来门诊检查就发现胆囊的壁毛糙，有结晶，如果不及时进行干预，后期会有出现胆结石的风险，同时还可能伴有肾结石、便秘、脱发等症状。

参与减肥训练营的训练最怕的还是反弹。在训练营中，运动强度一般都很大，但在1~2个月的训练结束后，大多数人很难在日常生活中坚持如此高强度的运动，所以体重很快就会反弹，如此反复，也宣告了减肥的失败。

人体的体重下降是有客观规律的，在了解和掌握体重下降规律的基础上，设计和执行减肥方案，正是医学营养减重的核心。

那么减肥多长时间后体重能够下降到最低？什么时候容易出现反弹呢？想要得知正规减肥体重下降的时间规律，可以参考已发表的研究文献。

减重8周（2个月）

这个研究发表在《细胞代谢》（*Cell Metabolism*）上，研究内容为目前比较流行的限时禁食方法的减肥效果。

参与者被分为3组：第一组16人每天限4h吃东西，只有这4h可以随便进食，其他时间只能喝水；第二组19人每天限6h吃东西，这6h也随便吃，其他时间不允许进食只能喝水；第三组14人是健康空白对照，正常饮食。干预8周后比较3组体重和心血管代谢指标的变化。

研究结果发现，无论限时4h还是6h，虽然这段时间内随便吃，但是总体能量摄入还是会比正常吃饭平均减少了550kcal，而后自然出现体重下降、胰岛素抵抗和代谢指标改善的情况，不过限时4h和6h之间没有差别。

由此可得出结论，限时禁食可以减重，并且可以改善代谢指标。

减重8周的体重变化曲线，是一条稳定下降的曲线。单看结论很是欣喜，明星们常推荐的限时禁食，还有这么高深的科学依据，其实，从实践经验上看，只要每天少摄入500kcal能量，8周后都能实现体重的下降，减重后也会伴随着代谢指标的改善。虽然限时禁食可以从生物节律等角度分析其额外的减重和改善代谢效果，但如果持续时间较长却并不一定能够维持效果，稍微一放松体重很快就会反弹。

减重12周有效，而12个月无效

这是巴西学者设计的一个随机对照研究。

研究对象为58名肥胖的女性，平均年龄是31岁，总的能量摄入都减少500~1000kcal，以此标准限制能量摄入，在此基础上再将她们随机分为两组：干预组，限时禁食 12h；对照组，不限时禁食只限制总能量摄入。

观察到 12 周，也就是 3 个月的时候，限时禁食组体重和腰围下降明显优于单纯限制总能量摄入的对照组，这部分研究结果被发表在营养界老牌期刊《营养》（*Nutrition*）上。

减重 12 周的体重变化曲线，也是一条稳定下降的曲线。

都是限时禁食，一如上文中提到的干预 8 周的研究，12 周的效果也很好，此研究似乎进一步验证了限时禁食的疗效。在 12 周试验结束后，巴西学者继续观察研究两组人员到 12 月，也就是 1 年之后。

结果是意料之外的，12 个月之后两组人员体重之间并无差异，也就是说限时禁食好像没什么效果，这些患者的体重又回到了最初的原点。限时禁食 12 个月后体重减轻无效，这部分的结论被发表在影响力更大的《临床营养》（*Clinical Nutrition*）杂志上。

仔细分析这些患者经历减重 12 月的体重变化曲线，研究人员发现多数患者的体重变化曲线是一条“V”字形或“对勾”形曲线，即体重在试验开始第 4 个月左右到达最低点，而后体重一路上扬，12 个月后体重虽然仍低于试验初始值，但已逐步反弹。

减重 12 个月

再看另一个减重 12 个月的研究。这个随机对照研究比较了两种减重方法，一种是限能量平衡膳食，即从每天能量摄入中减掉总能量需求的 25%，只摄入正常能量需要的 75%；另一种是隔天断食，即每周不连续的 3 天只摄入正常能量的 25%，其余 4 天正常吃或稍微多吃一点；两种方法均与正常健康饮食量为空白对照，比较三者的减重效果。

干预 12 个月后，从体重变化曲线上看，健康饮食对照组体重变化不大，而两种减肥方法带来的体重下降的幅度类似，都是在第 6 个月患者体重减到最低，而 6~12 个月则两种减肥方法对照组人员的体重均出现反弹，两组减重效果无差异。

持续 12 个月体重变化的曲线，是一个像“对勾”一样的弧线，开始时平缓地往下走，在第 6 个月左右到达最低点，之后逐步地往回走，体重逐步回弹，趋势如斯。

减重干预时间更长的研究绘制的减重曲线也是类似的。

减重 18 个月

这是一个针对绿色地中海饮食的研究。

地中海饮食是世界上排名前三的健康饮食，多全麦、多鱼油，食材有利于保护人的心血管健康，能够帮助人更长寿。绿色地中海饮食则是在地中海饮食的基础上再额外增加绿茶、多酚类食物等，以期更健康。

研究比较了地中海饮食、绿色地中海饮食和单纯健康饮食指导 3 种方法对肥胖人群体重和脂肪肝干预的效果。

为了实现良好的减重效果，两种地中海饮食都对人体能量摄入进行了限制，男性每天 1500~1800kcal，女性 1200~1400kcal。干预 18 个月后，两种地中海饮食都在患者身上实现了较好的减重效果。这两种饮食虽然减重效果差别不大，但是相对而言绿色地中海饮食改善脂肪肝效果更好。

本组试验患者的 18 个月体重变化曲线画得比较简单，只有 0 月、6 月、18 月 3 个时间点，看起来一目了然，是特别明显的“V”字形弧线，开始后体重逐渐下降，在第 6 个月左右到达最低点，而后逐步回升。

下面可以再来看看更长时间跨度下体重干预的曲线如何。

减重 10 年

2021 年《柳叶刀》杂志发表一个减重手术治疗糖尿病 10 年的研究。该研究发生在意大利罗马，研究对象为糖尿病 5 年以上的肥胖人群，随机分为接受减重手术或单纯药物治疗糖尿病，比较 10 年后糖尿病缓解状况和体重变化。

研究表明接受减重手术 10 年后患者的糖尿病缓解率高达 37.5%，远远高于普通的药物干预手段，这些患者的体重下降幅度也是一样的。

从绘制的体重变化曲线上看，多数患者手术后 1 年左右时体重达到最低点，其后则是缓慢上扬，出现回弹，是一个像“对勾”一样的弧线。

减重手术是减肥“断舍离”最快的途径，即便是把胃部分切除或转流，随着时间的推移，参与消化食物的胃囊也会慢慢扩张变大，使体重逐渐回弹。

通过这些研究能够得出的结论就是，正规的营养减肥体重下降趋势大抵上是一条“V”或“对勾”形状的曲线，减重的最低点一般在6个月左右，其后，体重或多或少会有反弹，这是自然规律。为此，人们应该怎么办？

第一，要通过正规途径减肥，别被“割了韭菜”。

在减重的体重下降规律中，第1个月的体重下降可以通过单纯的饥饿疗法实现，只要限制能量摄入，就可以得到明显的减重效果。这也是大家在网上经常看到的各种“噱头”存在的根本原因，例如，苹果减肥法，哥本哈根减肥法……

其实单纯的饥饿减肥方式容易反弹，其最大的问题在于没有采用科学的方法。单纯依靠饥饿实现的人体体重下降首先消耗的是肌肉，同时还会导致基础代谢率下降。在这种情况下再继续“饿肚子”体重难继续下降，而且稍微多吃一口马上就会反弹。

因此，减肥的朋友们应理性看待只保证1~2个月效果的减肥机构所做的宣传，不要盲目跟风。

第二，正规减肥，抓住3~6个月的“红利期”。

如果减重持续3个月都做不到，那么说减肥成功有点早。

人体的自我反馈调节能力很强，当人减重显出成效后，人体自身并无法判断是自我主观意愿减肥还是受到了饥饿。在这种情况下，人体会自动调节自身的激素分泌水平，提升食欲刺激素等的分泌，减少瘦素等的分泌。激素的变化会让减重维持得更有难度，更容易反弹。

正规减肥方法在应对这种情况时是有技巧和策略的，一定不能单纯地靠硬饿。医学营养减重前3个月，体重下降会很明显，但此时患者一定要尽量去坚持贴合医生量身订做的方案，否则三天打鱼两天晒网，经常吃大餐、吃外卖会导致减肥效果打折扣。一来二去拖到第6个月后，减肥的效果更会大打折扣，所以减肥的朋友要珍惜红利期！

第三，正规减肥，3~6个月内要养成习惯。

要想减肥有成效，养成良好的习惯很重要。

没养成好的进食习惯的话减肥很容易反弹，即便是通过减重手术将胃切小了，刚开始不能多吃，吃多了会吐，但术后1年内如果没有养成规律的进食习惯，还是大吃大喝，那么胃囊仍旧会被逐步撑起来，进而造成反弹。

医学营养减重能够使患者的体重维持下降 6 个月，但很多人 6 个月后体重仍然下降或维持较轻水平，首要的原因就是刚减重的 3~6 月内养成了好的进食习惯，拥有健康的生活习惯或节奏。

膳食依从性是减轻体重最重要的因素，维持体重最佳的膳食主要取决于个人偏好和习惯。什么是能够长期维持、防止反弹的膳食？就是指自己最容易坚持下来的健康膳食，这样的膳食是能够长期维持的。千万不要天天吃水煮菜，这不是能够长期坚持的好办法，只靠毅力支撑的减肥是难以为继的，因为减肥需要有技巧、有方法，不要把自己逼得特别狠，这样最终会导致事倍功半。

在减肥过程中，要不断地强化行为干预，让患者把那些行为，例如，定时吃饭之类刻进生活习惯当中，可以促进患者对减肥方案的依从性，形成节奏，以便长期维持减重效果。

问题 1：长期减肥每天只吃 15g 烹调油，体检发现甘油三酯都有点低，有没有问题？

答：一般问题不会特别大，长期健康饮食的植物油摄入 20~30g 都是可以的，定期随诊。

问题 2：身高 160cm，初始体重是 81.3kg，自己一个月减了 4kg，觉得胃不舒服，应该怎么调整？

答：尽量从医生这边来量身订做方案，定期随诊。即便自己减肥也不要长期只吃红薯等食物，笔者遇到过好多朋友自己减肥后胃不舒服的，都是天天不吃主食，天天吃红薯水煮菜，加上肥胖本身会有胃食管反流，特别容易让胃不舒服，出现此类症状还是建议门诊就诊。

问题 3：特别喜欢油泼面螺蛳粉，减肥期间可以坚持不吃，但什么时候可以敞开吃？是不是一吃就会反弹？

答：吃主食是没问题的，但是吃重油盐的主食不是特别合适，油泼面之类尽量少吃，正规医学营养减重，前 3 个月之内尽量少吃重油盐主食，会影响减肥效果。很多人吃一次火锅就胖三斤，特后悔，影响心情。当然，偶尔吃一次也不要有太大压力，适当做运动，等价交换。

问题 4：每天吃饭前食物都称重？

答：笔者的减肥门诊不要求大家每天食物称重，虽然有文献报道每天食物称重利于减肥，且不会增加患者心理压力，但是长时间如此会让人身心疲惫，无法坚持。实际生活中，患者可以根据自己的情况酌情选择是否进行食物称重。如果觉得食物称重不会让自己感到紧张，那可以尝试。

问题 5：有良性的甲状腺结节，甲功没问题，会影响减肥吗？

答：不影响。

07 基础代谢率

减肥是件十分有意思的事情。

随意在大街上询问一个路人应该如何减肥，他都可以很轻易地说出很多减肥的技巧，比如管住嘴迈开腿。但是减肥这件事说起来容易做起来很难，越是看起来简单的道理在仔细琢磨时越能感受到它的复杂。

例如，能量消耗。

减肥，或者减重维持，与能量代谢密切相关。

减肥需要能量负平衡，那么如何负平衡？通俗来讲就是摄入的能量要比消耗的能量更少。事实上，能量负平衡也是说着容易做起来难。

能量的摄入和消耗之间有一个差值，这个差值为负数，而且要持续地为负数，才可能保持减肥和减重后体重不反弹。

减肥的难度不仅仅在于需要能量负平衡，而且还需要持续地负平衡。在这个持续过程中，能量摄入、消耗和时间等变量全是动态变化的，这种变化过程中，能量消耗不是一条简单的直线，与负平衡的能量差值也不是单纯的直线关系。

能量消耗

减肥之前，需要先了解一下人体每天的能量消耗都在什么地方。

一天里，吃喝拉撒睡都会消耗人体能量。其中，约 60%~70% 的能量消耗用于维持生命所需的最低活动需求，叫基础能量消耗或静息能量消耗，也就是基础代谢率。

除睡眠以外的活动，健身运动也好，日常行走也好，这些活动也都会消耗人体能量，约 15%~30%，也就是体力活动产热。

吃饭时，食物的摄入、消化和吸收也会消耗能量，占 10%，也就是食物的生热效应。

常规的书主要讲的是基础代谢率，而在本书，这里将先聊聊吃饭也会消耗能量的食物生热效应。

食物生热效应

所谓食物生热效应，就是饮食摄入、消化、吸收、代谢转化等因“吃”所消耗的能量，其也有一些别称，如食物的产热效应，饮食诱导的产热，食物特殊动力作用或食物的特殊影响。

实际生活中，食物生热效应占到每天能量消耗的 10% 左右，占比相对固定。

食物生热效应与食物成分、进食量和进食频率等有关，测量起来比较复杂，需要测定基础能量消耗和在餐后至少 5h 内每 30min 除基础能量消耗以外的能量消耗。

2020 年，有学者展开了一项针对测定食物生热效应的研究，此次研究也有有趣的发现。

该研究组织了 16 名正常体重的健康成年人，先吃好早餐，每天早餐摄入总能量的 69%，午餐摄入 20% 能量，晚餐摄入 11% 的能量，连续 3 天。然后交换，每天早餐摄入总能量的 11%，午餐摄入 20% 能量，晚餐摄入 69% 的能量。在干预过程中检测食物生热效应，比较前后的区别。

参加研究的 16 人基础代谢率一样，总能量摄入一样。经观察后发现，早餐后食物生热效应是晚餐后的 2 倍多，消耗的能量更多，早餐吃得好比晚餐吃得饱在餐后血糖水平方面更不容易升高；早餐吃得少更容易饥饿，更喜欢吃甜食。

此次研究也证实了那句老话，早吃好，晚吃少，食物生热效应更好，更健康！

体力活动产热

所谓体力活动产热，就是在日常生活中，或劳动，或运动，或行走，在这些活动中消耗的能量，其又叫体力活动的生热效应。

减肥有句俗话，“七分吃，三分练”，言下之意，运动只对减肥起到三成作用，一部分原因就是体力活动所耗能量只占人体总能耗的 15%~30%。

体力活动产热，既包括体育运动或健身运动时消耗的活动产热，又包括日常生活活动中消耗的非运动性活动产热。

体力活动产热在能量消耗中变化范围很大，比如经常久坐的人，每天的体力活动产热可以低到 100kcal，而专业的运动员，这方面的消耗甚至可以高达 2000~3000kcal。习惯高强度运动的运动员退役后，运动强度降低，容易发胖，一个重要的原因就是体力活动产热大幅降低。

体力活动产热取决于身材和个体动作习惯等。

骨骼肌越多、越发达的人，体力活动时消耗的能量也越多。体重超重或肥胖者，同样的运动可能消耗的能量也越多。

活动产热跟个人动作习惯也有关系，例如，有人习惯每天跑 5km，体重稳定维持，这时候想再多减掉一点儿体重，可能需要在 5km 的基础上做得更多，因为身体已经习惯了这种运动强度。但如果是不经常运动的人，跑 2km 就会有相对明显的减重效果。

此外，活动时间越长、强度越大，消耗能量越多（详见运动一节）。以坐姿或站立为主的活动，如开会、打字、打牌叫极轻体力活动；在水平面上走动、速度较慢的日常行走或打扫卫生叫轻体力活动；负重行走、打网球、跳舞、滑雪、骑自行车等叫中等体力活动；负重爬山、伐木、手工挖掘和登山等叫重体力活动；运动员等高强度训练或比赛叫极重体力活动。

运动是体力活动产热的重要来源，是控制能量消耗和保持能量平衡的重要因素。

基础代谢率

对减肥而言，基础代谢率是最重要、最根本的指标。基础代谢用于维持体温和呼吸、血液循环及其他器官的生理活动，是人体每天维持生命的必须能量消耗，又叫做基础能量消耗，其占总能量消耗的比率即基础代谢率，通常为 60%~70%。

测量基础代谢率通常在人睡醒后，安静和恒温条件下，18~25℃时，禁食 12h 后，静卧放松时。

实际上，想要满足这些条件还是有些困难的，那么是否可以降低一点难度呢？答案是可以的，世界卫生组织（WHO）早在 1985 年就提出测量更简单的静息能量消耗这一概念，来替代基础代谢率的测量。

测量静息能量消耗或静息代谢率只需要人处于静息状态，仅需禁食 2~4h 即可，其比基础代谢率的测量结果更容易获得。因为禁食时间比基础代谢率要短，增加了一部分食物的产热能量消耗，也增加了一些清醒状态下的能量消耗，所以测定的静息能量消耗要比基础代谢稍微高一些，约为基础代谢的 110%。

影响基础代谢率的因素

基础能量消耗主要是瘦体重代谢所产生的，而瘦体重主要和肌肉量有关。

肌肉量决定代谢，对于正在减肥的朋友们而言，这一概念已然耳熟能详。

减肥只有在不掉肌肉或肌肉量增加的情况下才能持续减、不反弹，因此一定要通过正规的医学营养减重来减肥，不要单纯依靠饥饿，研究证明医学营养减重能够很好地维持骨骼肌的量。

澳大利亚的一个随机对照研究比较了 3 种营养减重的策略（限能量平衡膳食、5：2 轻断食和周断食）对照干预 12 个月后参与样本体重和肌肉的变化。

3 种策略都有减重的效果，在持续 12 个月的干预条件下基本上差别不会太大（详见减重的时间规律一节）。

三者的参与样本肌肉量没有太大差别，证明营养减重能够很好地维持骨骼肌。

举个协和营养科笔者门诊的例子，一位患者是 2018 年 8 月开始在协和营养科笔者门诊减重，初始体重是 102.5kg，基础代谢是 1702kcal。减重 3 个月后，10 月份的体重是 90.9kg，基础代谢是 1747kcal，基础代谢不但没有掉，反而还增加了一点。

事实上，2019 年在协和营养科笔者门诊减重超过 3 个月的患者们都得到了较好的减重效果，不论采用的是哪种医学营养减重策略，减掉的都是肥肉，大家减肥前后 3 个月的肌肉量也都没有统计学差异，基本变化不大，基础代谢能够维持，还有部分人甚至可以提升。

此外，基础代谢同性别、年龄、疾病、激素状态、温度和气候等状况都有关系。

例如，甲状腺激素。在协和营养科门诊，开始减肥前都会给前来就诊的患者抽血查一下甲状腺功能。如果甲功有异常，不论是甲亢或者甲减，都可能会影响到基础代谢的水平，换句话来说，甲功有异常的人无论如何少吃或多动都很难减重，这时候，需要先去内分泌科调整一下甲状腺功能，使之稳定或正常后再来减肥。

基础代谢的可变性

影响基础代谢的因素很多，而基础代谢也不是孤立、一成不变的，减肥常常伴随着基础代谢率的下降。

例如，一个正常的年轻女性基础代谢大概 1300kcal。自行节食减肥，饮食控制到 1200kcal，能量负平衡 100kcal，在这种情况下体重通常会下降。如果减肥方式不合适，身体减下来的是肌肉，基础代谢降到 1200kcal。在这种情况下继续摄入 1200kcal，能量平衡，体重不会变化，但是摄入量一旦大于 1200kcal，则将导致能量正平衡，体重就会反弹。

能量的消耗是一个动态的过程，它不是简单的能量摄入和消耗的固定差值，不是一个单纯的直线。

再举个例子，如果一个人持续减肥 10 年，那么他的能量摄入和体重都会下降，且在持续的 10 年内两者的下降都不会是直线。90% 以上的体重下降可能出现在减重后半年到 1 年左右，然后逐步有所回弹。能量消耗也是类似的曲线，而且这个曲线还可能处于一个不断波动的状态。

减肥和基础代谢的关系看似简单，实则复杂。所以减肥策略一定要选对，免得事倍功半，甚至引起其他并发症而得不偿失。

08 体脂率

体重与胖瘦

有时候，单纯的体重并不能准确地反映人的胖瘦。

从这个角度上，所谓的“胖子”可能有两种：一种是体重虽然超标但是肌肉发达，真正的体脂并不多，例如，健身教练和运动员等，他们不是真胖。而另一种是真正的体脂超标，是真正的肥胖。

“胖子”也得看“内涵”，不能一票否决。

从另一个角度讲，有些“隐形的胖子”也得小心，他们的体重虽然处于理想范围内，但瘦体重（或称去脂体重）少，肌肉少，脂肪超标，也属于肥胖。这个群体很容易被忽视，以女性居多，日常生活中体育活动少，肌肉不发达。

因此，体检时有些体重正常的人也会查出脂肪肝。

脂肪

人体的脂肪主要分布在两个部位：皮下和内脏周围。

女性的皮下脂肪相对较多，有圆润之美，但肥胖时，脂肪容易集中在臀部及腿部，远看身体曲线似梨形，所以被叫做梨形肥胖，专业术语上也叫非向心性肥胖或女性型肥胖。

男性、老年人的脂肪主要分布在内脏部分，尤其是腹腔内的网膜、肾脏周围等，正常或轻度超标时不太容易看得出来，而肥胖时则形成人们常说的俗语“将军肚”。这类人的脂肪主要集中在腹部皮下和腹腔内，四肢相对要少一些，远看像苹果，所以被叫做苹果形肥胖，专业术语上也叫做向心性肥胖、男性型肥胖或内脏型肥胖。亚洲人种可能相对更容易内脏脂肪超标，所以这种肥胖对身体的危害更大。

正常的体脂含量标准可能因性别、年龄、种族等而不同。新生儿的体脂约占体重的 10% 左右；青年男性约 10%，青年女性约 15%；成年男性约 15%，而同一时期的女性体脂在 22% 左右。在各个年龄段，男性的体脂比例整体低于女性，而且随着年龄增长，脂肪的变化趋势也不尽相同。男性的体脂大约在 7~11 岁有一个下降过程，在 17~21 岁以后逐步上升，在 31~36 岁以后基本保持稳定（理想情况下）；女性的体脂从 7~16 岁开始就保持上升趋势，31~41 岁时保持稳定，而后继续上升，在 60 岁左右达到高峰，62 岁以后逐步下降。

无论男性女性，在 30~40 岁这一年龄段体脂比例都相对稳定，所以这个阶段很关键。在这一阶段控制体脂得力，则可以为 40 岁后的健康身体打下良好基础；控制欠佳，则容易在 40 岁之后“一山更比一山高”。

女性尤其如此，因为月经状态也可能对脂肪分布有影响。绝经后，增加的脂肪更容易趋于向心性分布，所以中年女性要更加注意饮食、加强锻炼，保持适当的体脂，以降低绝经对体脂造成的不利影响。

测量体脂的方法

测量体脂的方法有很多，从原子水平到分子水平，从细胞到组织器官，再到全身，既有高大上的核素标记测量，也有接地气的核磁 CT 测量，还有更简便的体重腰围测量。

贾宝玉说“女人是水做的”，那么人到底是什么做的？从原子水平上讲，主要就是氧碳氢氮，所谓“红粉骷髅，皆归为尘土”，这 4 种元素占人体元素总量的 95%，居于其后的是钠钾磷氯钙镁硫，和前面 4 种加起来占人体元素总量的 99.5%。这些元素中，人们利用钾来测量体脂。

人体中的钾元素主要是非放射性的 ^{39}K，只有极少量的 ^{40}K，约占钾总量的 0.0118%。^{40}K 会释放高能 γ 射线，这种射线的 50% 以上将离开人体。因此可以利用这一原理测定人体中 ^{40}K 的含量，进而推算出人体的总体钾含量（^{40}K/0.0118%）；根据钾量，可推算出人体的瘦组织量（总钾含量（mEq）/68.1mEq/kg），进而计算出体脂含量（体重 - 瘦体组织含量）。但是这种以钾为媒介的方法不适用于钾含量变异较大的情况（例如，危重病人或终末期病人），另外，算出来的体脂也只是总的体脂，不能细化为躯干、内脏和四肢部分的脂肪含量，技术上难以满足人民群众日益增长的体型塑造需求。

还有一些方法也可以测量人的体脂，如中子活性分析、水下称重、双能X射线法（Dual Energy X-ray Absorptiometry）、CT扫描、磁共振检查等，这些方法要么精度不高、测不准，要么会使人体受到射线辐射，要么费用太高，要么无法细化，整体来讲这些方法以实验研究应用居多，通常不被用于常规检测。

那么，有没有既安全且不用接触射线、又准确且花钱不多，适合居家旅行的好方法呢？

还真有，那就是生物电阻抗分析（Bioelectrical Impedance Analysis，BIA）。

生物电阻抗分析

人体大致可以分为脂肪组织和非脂肪组织两类。非脂肪组织包括肌肉和骨骼，其含有大量水和电解质，能导电；脂肪是无水物质，是电的不良导体。所以，脂肪组织越多，人体对电流的阻值越大。在人体体表位置固定几个电极，向人体送出一个微小的电流，然后可以测量人体的电阻值，因为贡献人体阻抗的主要是非脂肪组织，所以可根据人体的阻抗值测量并计算体脂。

这就是生物电阻抗分析的基本原理。

早在1962年就有人提出了用生物电阻抗分析的方法进行人体成分测量。该测量模型将人体当作一个圆柱形的导体，采用4个电极测量人体电阻，以此算出全身总体脂。由于这个全身阻抗测出来的是上下肢和躯干阻抗的串联值，而上肢、下肢、躯干三者的阻抗并非等同，上肢水分远远低于躯干，当三者中任意一部分的水分发生变化时，全身阻抗必然会受到影响，所以用单独一个大圆柱体来分析人体体脂，理论上并不准确。

随着技术的进步，人们开始把人体这一整体分为躯干这个大圆柱体和四肢等4个小圆柱体共5个圆柱体分段测量阻抗，分别算出躯干和四肢的体脂含量，该方法比传统方法更准确。在此基础上，还有人把1个大圆柱体再细分为8个小圆柱体，分段更细化、更精准，测量的方法也由4个电极发展到多个电极，再到今天常见的只需双手把握、双脚踏住电极测量的方法，既方便安全，又准确便宜。

在使用基于电阻抗原理测量人体体脂时，人体内水分的变化可能会影响到检测结果，所以该方法对于严重呕吐、患有危重疾病的患者而言未必合适。另外，有些人选择喝大量的水，憋个尿测量，以此来考验仪器的准确性，在这里并不建议患者以这种方式来对仪器进行考验，求疵者可以空腹排尿后再测。另外，有些体内有金属、电极的群体也不适合采用这个方法，如骨折后体内植入金属钉、心脏病血管内植入支架或起搏器等人群。

同测量体表标志（如腰围）、计算腰臀比等方法不同，生物电阻抗方法更直观细致，不但可以测量全身的体脂比例，还可以测量上下肢、内脏的脂肪含量。可以帮助营养专家提供个体化营养素推荐以改善营养状况；同时，了解了机体脂肪、蛋白质的组成，有助于制订目标性营养素分配，协助患者减少体内脂肪堆积。

体脂与年龄、性别

人生最幸运的事莫过于在对的时间、对的地点遇到对的人。人生还有一件幸运的事就是在对的年龄、对的部位，长对的体脂。

前文中已提及，不同性别和年龄的人，体脂的比例和分布也不同。

所以，BIA 检测结果并没有一个“四海皆准”的正常值范围。根据性别和年龄段分层后，每一个阶段都有一个大致的体脂率正常值范围。这个范围并不像测量长度、重量那么严格精准，它来源于大样本流行病学人体测量数据，汇总后经统计学分析得出。同时，在不同人群中还需要进行相应的校正。

例如，目前先进的测量仪器可以提供 4 个人种的数据范围，国内医院里常用的几种仪器也都有数千例国人检测结果作为参考。所以平时测量体脂大多数时候不是测出来的，而是根据校正公式算出来的。

这个“精益求精”的准确度和灵敏度是从医学研究和临床的角度而得出的，在人们日常体脂检测中是用不到的，就和人们不会拿着精密天平去买大白菜是同等道理。更常用的可能是比较前后 2 次或多次测量的变化，以之作为饮食和运动调整的依据。

09 催吐减肥不是好的减重方法

这里先把最重要的结论说在前面。

催吐是不科学的，催吐不是好的减重方法！

催吐减重听起来好像简单而美好：美食随便吃，吃完轻轻一抠就全出来了，不打针，不吃药，不花钱，不用节食，不用运动，最重要的是不会发胖。但是，真的会有这么美好的减肥方法吗？

实际上，催吐减肥给人体带来的危害远远超出一般人的想象。

巴甫洛夫条件反射的实验很有名，但是否有人听说过因为催吐形成的条件反射？经常靠催吐减肥的人，其真实的生活状态有可能是这样的：身上有一种夹杂着空气清新剂气味的奇怪味道，家里浴室的墙上有斑驳的食物残渣，在公司听到同事们说吃饭时间到了胃里就条件反射地反酸水……

这种状态，被说成痛不欲生一点儿都不为过。

催吐时，人的身体发生了什么

在临床上，催吐少有的作用只是将人食用的有毒物质从消化系统排出。诱导恶心和呕吐的常规通路包括迷走神经传入纤维、化学感受器触发区、前庭系统及杏仁核等。让医护人员头疼的往往是患者在疾病状态下，呕吐通路被不恰当地激活，例如，在接受药物化疗后患者可能会吐得撕心裂肺。

所谓催吐减肥，是人为制造胃排空，多次诱导干呕后让胃的内容物被强制排出，以减少人体对能量和营养物质的吸收，试图达到能量负平衡，实现体重减轻的方式。

呕吐涉及一组精细的动作。催吐的行为会给大脑发出信号，指挥膈肌下降、肋间肌收缩、声门关闭，然后腹肌收缩，胃里的东西被压到贲门附近或者食管下段，腹肌放松后，这些东西又会落回到胃里。上述过程反复多次，如同潮涨潮落，而且逐渐加剧，到达某个临界值后食物喷射而出……

这种行为对于膈肌、腹部肌肉和胃肠道来讲并不等同于撸铁卷腹的增肌抗阻运动，只会让人的膈肌和腹部肌肉更加脆弱，影响其节律和自有功能。

习惯性催吐是条不归路

习惯性催吐可能会引起一系列不良反应，其起始于消化道症状，进展于全身症状，严重于精神症状，从而让人生生地踏上一条不归路。

最开始，人只是感到轻微的胃肠道不适，多数人可能会不以为意。随后，偶尔严重呕吐，甚至呕血，这可能是贲门撕裂。接着，一系列渐次升级的反应就开始了。

习惯性催吐会导致便秘，这是不健康减重最常见的并发症。患者的大便可能 1 周 1 次，形状有点像羊粪球，他们如厕之难度不亚于跑一场马拉松。然后，多数人会开始搜索，开始网购，购买酵素，逐渐走偏……

习惯性催吐会导致腹胀，患者的肚子可以胀如鼓，胀到令人“怀疑”人生，惊奇地从肚皮上看见自己的肠型。

习惯性催吐会导致掉头发。人体的自我调节能力很强大，当不健康减重造成肌肉消耗过多，体重下降明显的状况后，人的身体会因自我保护机制而关闭一些它认为不那么重要的功能，如生长头发。在 80 后变秃、90 后研究植发的年代，催吐减重一定会让人望着满地的落发而长叹。

习惯性催吐会导致人掉皮，有些人通过催吐减重后也许暗自窃喜，但某一天突然发现手上、胳膊上和腿上开始脱屑，如同零散蛇蜕。这是身体长期缺乏营养素的表现，如果不予以重视，人生的不归路又将再进一步。

习惯性催吐会导致月经稀发，甚至引起继发性闭经。和掉头发一样，当肌肉消耗过多，体重明显下降，女性的身体会由于自我保护机制而关闭月经的功能。如果干预及时，体重恢复，月经可能会恢复正常；但如果长期忽视，则可能造成卵巢早衰，提前进入闭经。闭经在临床上有明确的诊断流程，所以开始闭经的半年甚至 1 年内，大多数女性会流连于各个妇科、内分泌科和中医科，很多人往往忽略了因不健康减重造成营养不良而引起的继发闭经，用错了方法，投入大量金钱，却依旧无法解决问题。

习惯性催吐会导致人的心理问题。根据笔者的临床经验，青年女性在闭经1年左右时，如果再合并其他营养不良的表现，那么都会出现心理问题，其具体表现为暴食、有负罪感、难以与他人沟通、易怒、失眠、跟家人关系紧张、抑郁，甚至产生自杀倾向……

习惯性催吐会导致人厌食。一部分人在出现脱发、脱屑或闭经后开始害怕，不敢催吐了，愿意好好吃饭，但他们猛然发现自己的身体已经无法正常进食了，主观催吐变成了一吃就吐，到了饭点就腹胀，几天不吃也不会饿，饥饿的感觉成了一种奢侈。

出现后面几种症状就说明人体已进入疾病发生的阶段了，这在专业上叫神经性厌食，这一阶段患者需要寻求心理科、消化科和营养科的共同帮助。如果患者没有得到及时干预，则会有很高的死亡率，白发人送黑发人的惨剧并不是吓唬人，而是很可能真实发生的。

也许有部分人会说：我的工作要出镜，我的身材必须纤细，为了事业，即便“刀山火海”，我也义无反顾。

然而，用错了方法，越努力越糟糕，最终结果往往事与愿违。习惯性催吐减肥是不健康的减重方式，更容易造成人的骨骼肌消耗。瘦了半天，可能瘦的都是肌肉，脂肪犹在，反而使自身的体力下降，但凡多吃一口，体重马上会出现报复性反弹，人甚至比原来更胖。

想知道怎么才能快速减肥，不如先问问自己是否需要减肥

肥胖症确实是一种慢性代谢性疾病，这是各种肥胖诊疗指南方案的共识。不过，只有满足以下4个条件之一的人才真正需要“治疗”这种疾病。

（1）BMI 28kg/m^2 以上的人；

（2）BMI 在 24~28kg/m^2 之间，存在高血压、高脂血症、糖尿病等已知疾病的人；

（3）腰围 ≥ 90cm 的男性和腰围 ≥ 85cm 的女性；

（4）体脂率 >25% 的男性和体脂率 >30% 的女性。

有病去哪里治？首选去医院。不同的医院科室设置不同，有的需要去内分泌

科，有的要去营养科，还有的要去外科。

减重是个技术活儿，一定不仅仅是“管住嘴迈开腿”，就好比大家都知道股票要低买高卖，可是什么时机出手，实际上是需要“技术含量”的。

然而，很多人并不满足上述 4 个条件中的任何一条，也整天说着要减肥，好像不减肥就没有勇气去社交。管理体型是个人的私事，外人本无权置喙，但如果人的 BMI 在 18.5 以下，那么一定不要轻言减重，因为这时减重会对身体造成非常严重的伤害！

健康的减重需要策略、技巧和坚持，多数情况下，并不存在轻松躺着就能达成目的的可能——唯一的“捷径”可能是减重手术，不过手术也需要满足一些苛刻的条件，并非人人都适合。另外，即便通过减重手术切了胃，如果没有科学的饮食和生活方式管理，患者也有复胖的可能。

体重管理是一种生活态度，绝不是“一锤子买卖”。习惯性催吐不过是万千速成减肥噱头中的一个，有因此而致病的，也有因此而致死的，血淋淋的教训在临床上并不少见，减肥的人们需要引以为戒。

10 长得胖是因为不会吃饭？

笔者在营养科出门诊时，经常遇到一些很委屈的患者，他们为什么会感到委屈呢？

这些患者往往说自己吃得挺少的，还经常不吃晚饭，却总在自己身上看不到任何减肥效果，甚至过个节假日稍微多吃两口就会“胖三斤”。

针对这一现象，大家有没有想过，人体体重的增加固然可能是因为进食过多所致，但是更可能是因为不合理的进食习惯所致。

在此向大家讲一下笔者门诊中就诊的流程。

在大家第一次来协和营养科笔者门诊就诊时，医生不会马上给出一个正式的减重食谱。因为医学营养减重之前需要先做一下评估，检查患者身体是否因相关疾病而肥胖，有无其他代谢疾病，如高血脂、高血压、高血糖和高尿酸等，有没有因体重过大引起的关节不适等，会要求患者做一些抽血、留尿和超声等相关检查，然后给患者约 1 周后的门诊号来复诊。

在首次问诊时笔者虽然不直接发食谱，但通常会教患者几招健康进食的技巧，让患者当做作业回家练习。等 1 周后来复查的时候，有的人会感觉到自身发生变化，告诉医生自己也没少吃，就稍微练习这几招，减了 1.5kg……大多数患者不控制饮食，甚至有人还特意在外边多吃几餐，为减肥前鼓鼓劲儿，怕开始正式减肥后医生不让吃。然而，就是稍微做一做这么几个简单的吃饭技巧，多数患者基本上平均能减掉 1.5kg 左右的体重。

减肥过程中的吃饭归结起来应该分成“吃什么”和“怎么吃”两个问题。“吃什么”？“管住嘴”的说法大家都耳熟能详，因为能够减肥一个很重要的前提是实现能量的负平衡，所以“吃什么”，对控制能量的摄入很重要。但只要实现能量负平衡就能减肥么？回答“是”的话，未免有些草率。

饿肚子 3~5 天，能量负平衡 3~5 天能减肥吗？有过相关减肥经历的人们都知道答案，只依靠单纯的饥饿减肥是很难的，初期有点效果，但也只是肌肉消耗的结果，只要略微多吃一点食物，很快就反弹。所以，简单的能量负平衡是前提，但前提之外还有一个前提，那就是动态的、持续的能量负平衡。

那么怎么能做到动态的、持续的能量负平衡呢？套用一句俗话说“怎么更容易地坚持呢”？在营养学专业上有一个词叫“依从性”，也就是对减肥方案或运动方案的执行程度。依从性越好，越容易减肥，越不容易反弹。

如何能增加依从性呢？可以从“怎么吃”上想办法。只要掌握了吃饭的技巧，将其变成人的一种日常的生活习惯，就一定更容易减肥，更不容易反弹。

减肥坚持多长时间算成功呢？2 周，还是 1 个月？从研究减肥的角度看，最少也应该看 3 个月。如果减肥时间达到 3 个月、半年、甚至 1 年以上，体重始终维持、不反弹，那才能算有成效。为此，在减肥的过程中，“怎么吃”的作用不仅仅体现在初期复诊前的一周掉 1.5kg，更大的意义在于减肥 3 个月以上仍然不容易反弹，能持续保持体重。

有人也说，医生，我能不能 3 个月后再练习吃饭技巧呢？为山九仞，却只想要最后一筐土，这个要求是不是有点高？所以，有效的吃饭技巧一定是患者在看门诊、见到医生第一面后就要开始练习的。这些吃饭的技巧简单又不用花钱，效果往往还特别好。

先从最简单的咀嚼说起。

事实上，肥胖或超重的人往往吃饭时的速度都很快。吃得太快，多半会吃得更多，这增加了代谢负担，容易导致肥胖。那么反过来，吃得慢点是否利于减重呢？

寻常吃饭的步骤是用餐具把食物送到嘴里，咀嚼直到食物完全下咽，如此循环往复。

很多人增加把饭喂到嘴里的时间是因为疾病状态下的不得已，例如，帕金森患者进食时一勺子饭喂到嘴里需要数分钟甚至更长时间。

然而，有一些研究发现，延长从咀嚼第一口食物到完全下咽的时间竟然有利于体重的减轻和维持。

为此，为了减肥，完全可以将吃饭的步骤精准化，将下颌上下来回往复一次定义为咀嚼一次，将第一次咀嚼到整口食物完全咽下的最后一次咀嚼的时间段定义为咀嚼时间，通过咀嚼速度 = 咀嚼次数 / 咀嚼时间的公式计算咀嚼速度。

这项研究来自 2015 年，研究结果发现，同体重正常者相比，超重或肥胖者进食时的咀嚼次数更少，咀嚼时间更短，同时，两者咀嚼速度并没有统计学上的差异，结果显示人的 BMI 同咀嚼次数和咀嚼时间明显负相关。

类似的研究还发现，增加咀嚼次数和延长咀嚼时间可以降低进食速度，延长进食时间，抑制食欲，适当减少进食量，进而增加食物生热效应，减轻血糖负荷和改善代谢，从而有助于体重减轻和减重维持。

当然，这类研究也存在一些不足，其观察性研究多依赖于数据库资料回顾，可能存在偏差，干预性研究可能样本量不大、干预时间短、多选择固体食物如披萨等，结果有一定的局限性。

虽然这类研究尚不足以改写指南或共识，但是基于这些研究，患者可不可以在生活中进行尝试呢？不试不知道，真正实践起来还是较为困难的。因为在日常生活中，人们很难坚持去多咀嚼。

怎么克服？

不妨在手机上设置闹钟，每餐之前提醒一下自己细嚼慢咽，这方法简单易行。精致的生活高手还可以准备个沙漏或找一个 APP 督促自己，持续一段时间后，就可能习惯成自然。

咀嚼多少次合适呢？

一项研究发现吃同样的食物，咀嚼 40 次同 15 次的人相比较，前者的食量明显较低，进食较少，餐后血糖和血胰岛素水平更低。另一项研究发现吃同样的食物，如果体重正常者平均咀嚼次数在 30 左右，那么超重或肥胖者往往只需要咀嚼 20 次左右。当然，为了研究标准化，研究者让他们咀嚼的食物统一为披萨。

生活中，多数人通常认为吃流质或半流质的食物时咀嚼 15~20 次基本上就没东西了。

所以，“取法其上”，不妨为自己设个吃每一口饭都至少要咀嚼 30 下的小目标。设置此目标的关键不在于一定要咀嚼满 30 下，而在于确实应通过这个方法延长咀嚼次数和时间，进而养成好的进食习惯。

谁不适合？

咀嚼研究中都要求受试者牙齿是完整的。

生活中，牙齿不好，尤其是下颌关节发育不良、易于脱位的人可能并不适合以上方法。

增加咀嚼次数或延长咀嚼时间是一种行为干预，其意义不仅在于减重，更关键在于提高依从性，避免减重后的体重反弹。

研究发现，在长时间的减重干预过程中，减的最好的和反弹最少的人其依从性都是最好的。提高依从性，有时候并不是“憋住气”、努力坚持就行的，而是要培养良好的生活习惯和行为习惯。尤其是在长时间的减重过程中，构建起健康的生活习惯可能是减重成功并维持体重水平的重要因素之一。

这些行为可能还包括以下几点。

首先是定时进食。定时进食就是日常生活中人们常说的按时吃饭，其目的在于过规律的生活。

不定时、不规律地吃饭，一来二去特别容易引起人的胃肠道疾病，如慢性胃炎、胃溃疡等，尤其是因工作性质、职业相关不能按时吃饭的人，如出租车司机等，常常会因不规律进食引起胃肠节律紊乱，出现疾病。

减肥期间也是同样的道理，如果常不按时吃饭和饥饿后才想起来吃饭，在减肥进行到一段时间后，那种非常难以自制的饥饿感会如影随形，很可能导致半夜起来点外卖、吃零食……而且特别容易出现暴饮暴食，吃完后又很容易内疚自责。

所以，减肥过程中，一定要定时吃，而不是饿了吃。规律的进餐时间有利于预防肥胖。

在2017—2019年，有研究者分别在西班牙和墨西哥两国选择了106名18~25岁的年轻大学生进行了一项横断面研究。这项研究调查了这些人在工作日（周一到周五）每天吃早饭、午饭和晚饭的时间，同时调查他们在周末的时候吃早饭、午饭和晚饭的时间。将工作日和周末的进食时间进行对比后研究者们发现这两个时间段人们的进食时间还是有区别的。如在工作日，大学生都在08:20左右吃早饭，而周末的时候大多数人会睡个懒觉，早餐时间往往已接近中午……这其实是比较常见的现象，是大多数学生的大学生活写照。但科学家们总结其中的规律发现，大学生们工作日和周末吃饭时间的差值越大，即越是吃饭不规律、时间不固定的人，越容易肥胖。时间差超过 3.5h 的大学生们 BMI 明显高于其他人。

有加餐，增加进食频率

多数科学的营养减重的方案会建议患者在两餐之间加餐，经常有人对此感到疑惑，人不饿为什么要加餐呢？也有些患者往往因为工作太忙而忘记了加餐。加餐并不是担心患者会饿肚子，其实际上是建议将生活中三餐的量分成 5 次去吃，总量不增加而增加餐次，以此方式来可以减轻患者的代谢负担，帮助患者减重。

有兴趣的读者可以来看一项 2016 年发表的关于加餐的研究。科学家们从 2009—2010 年和 2011—2012 年度美国国家健康与营养调查（National Health and Nutrition Examination Survey，NHANES）数据库中，纳入了 7791 例肥胖人士作为实验对照样本进行研究，其中男性 4017 例，女性 3774 例，采用 24h 膳食回顾法估算进食频率、摄入能量、能量密度和饮食质量等数据，发现进食频率较高者能量摄入多，但能量密度低，且饮食质量高；高进食频率同肥胖者腰围负相关；高进食频率同女性 BMI 指数负相关。

因此，加餐不是医生担心患者吃不饱饿肚子，而是为了维持减重的节奏。到了加餐的时间，哪怕是食用简单的一杯酸奶或者是一个西红柿、黄瓜都可以。加餐的目的不是为了吃，是为了形成良好的减肥节奏。加餐有效的地方更在于持续减重 3 个月甚至半年后，当体重下降速度减慢的时候，常加餐的人更不容易反弹，更易于长期维持体重水平。

吃饭顺序

生活中，很多人喜欢把菜和饭拌在一起吃，如吃盖浇饭，但是这种食用方法容易发胖。中餐过于美味，爆炒或勾芡后，菜肴汤汁中含有很多的盐和油脂，菜和饭混着吃美则美矣，但热量超标了。

所以，别饭菜混在一起吃，也别先吃饭。

要想健康减重，可以尝试先吃菜后吃饭，先把每餐的蔬菜吃完三分之一后再尝试吃第一口饭，这样可以增加饱胀感，还有利于控制血糖，尤其是对于患有糖尿病的人而言这很重要。

另外有 2 个小样本的探索性研究发现调整进食的顺序有利于糖尿病患者控制血糖。2015 年美国的 1 项小样本研究，调查了 11 例合并糖尿病进行二甲双胍药物治疗的肥胖症患者，这些患者平均年龄 54 岁，其中男性 5 例，平均 BMI 32.9kg/m^2，诊断糖尿病时间约 4.8 年，平均糖化血红蛋白 6.5%。该研究采用自身前后对照的方式，这些患者每天摄入约 628kcal 热量（其中，蛋白质 55g，碳水化合物 68g，脂肪 16g），干预 2 周，第 1 周进食顺序为碳水化合物 +15min 空隙 + 蛋白质和蔬菜，第 2 周为蛋白质和蔬菜 +15min 空隙 + 碳水化合物，采集血糖和餐后 0~120min 的胰岛素水平数据，结果发现先菜后碳水化合物组进食后 30min、60min 和 120min 血糖分别下降 28.6%、36.7% 和 16.8%，这说明调整进餐顺序可能有助于控制血糖。

另外一项针对 15 例糖尿病前期患者的研究也发现，后吃含有碳水化合物的食物更利于血糖值的稳定。对于儿童 1 型糖尿病患者来说，后吃碳水有利于降低其餐后血糖和维持血糖稳定。

先吃菜后吃饭是减重过程中一个最简单的技巧，减肥的朋友们可以尝试一下，既不花钱也不费事。

每天监测体重

坦然面对生命中不可承受之重是有难度的，不少人不愿意测或者不敢测体重。但是每天测量体重，敢于直面增加的体重是减重的必备过程。

每天在同一个时间使用体重秤记录数据，每周进行反馈，每天为体重的增加而纠结，去反省昨日里的火锅、烧烤和啤酒，为体重的减少而欣喜，才会发现原来减肥没有想象中的那么难。

减重的开始阶段，每个患者都会经历这样的过程，直至某一天掌握了规律，构建了良好的生活习惯，实现了体重的减轻，然后不再执着于些许的波动，转而健康地生活。

在人类进化的历史中，只有更容易胖的、更能吃饱的人类才能活下来而不被淘汰。因此身体的激素有这样的特性：当人瘦下来，大脑以为人吃不饱，为了不被自然淘汰掉，大脑会让身体增加食欲激素的分泌，减少瘦素的分泌，这也是减重会反弹的重要原因之一。从这个角度讲，减重是“违背自然规律的”。想要对抗这种自然规律，只单纯选择吃什么是很难的，人应该尝试养成良好的进食规律和习惯。

综上所述，不妨拿起手机设个闹钟，提醒自己从每口饭咀嚼 30 下做起。

11 应怎样运动减肥?

说减肥，一定绕不开运动。

在减肥过程中，经常有使劲跳绳体重纹丝不动或者迈开腿磨坏了关节的事情发生。其实，运动不仅只有跳绳，也不仅只有迈开腿，运动是科学，运动需要专业。要知道，奥运会健儿夺冠尚且需要专业运动指导，大手术后身体恢复和老年人对抗肌肉衰减症也都需要专业运动指导，那么减肥呢？

运动的几个角度

运动有很多种类型。经常有人会说有氧运动好，抗阻运动好，其实，最适合自己的运动对自身而言才是最好的。

运动还分强度。为什么有的人日行万步体重却不下降？这显然就是因为运动的强度不够。所谓的运动强度，通常可以用最大心率评估来确定，即用 220 减去年龄，即可得极限心率。如果人在运动时的心率达到极限心率的 60%~79%，则可认为这属于中等强度的运动。极限心率是日常的简易指标，从专业的角度来看，更常用的指标是代谢当量（metabolic equivalent，MET），也叫梅脱。MET 是维持静息代谢所需要的耗氧量，例如 1kg 体重静息的时候氧耗量大约是 3.5ml，其被定义为 1 MET。如果运动强度是 3~6 MET，则可认定其是中等强度的活动。

运动的持续时间和频率也很重要。所谓“不谈剂量反应关系都是耍流氓”。如果运动的类型不对，强度、持续时间和频率不够，那么效果必然也一般。正如老话所说，“拳不离手，曲不离口”，指南也推荐健康的成年人每周保证有 150min 的中等强度运动。

在判断运动效果好不好时，不妨问一下这几个问题：做的什么类型的运动？做到什么强度？持续多长时间？每周频率是多少？运动虽好，但如果强度不够、时间和频率不够，都可能影响整体上的运动质量，消耗的能量也就极为有限。

另外，运动也要讲安全，要循序渐进。美国心脏协会的一份指南就推荐说，做运动一定要循序渐进，要慢慢增加强度，以避免发生运动损伤。

减肥运动还需要考虑的问题

运动要结合饮食控制。俗话说“减肥是七分吃，三分动”。理论上讲人体的总能量消耗中体力活动大约占 30%。如果不控制饮食，单纯地去做运动，很多时候真的会打折扣。

运动要考虑年龄。25 岁左右体重正常的人每周保持 150min 的中等强度活动就可以防止体重的增加。但人到中年或者再往上进入到 60 岁的时候，想要防止体重增加就可能需要更多的体力活动。

初始体重也很重要。做大约消耗 300kcal 热量的活动对于初始体重较小和初始体重稍大的两类人来说减肥效果肯定是不一样的。能量消耗量取决于初始体重、运动时间和强度。

而且，初始体重过大的人在做运动时既要做好拉伸，更要注意对膝关节、踝关节的保护，不要因为过度跑步爬楼梯磨坏了关节，那样是得不偿失；做高强度运动前，也一定要评估心脏功能，避免发生猝死等风险。

要想通过运动减肥，既要考虑运动本身的优势，也要考虑到肥胖人群本身的特点。在减肥时如果只讲运动而不考虑肥胖人群自身的实际情况，单独地说运动消耗能量，那么效果可能会打折扣，甚至出现不必要的损伤！

不控制饮食，单纯运动效果怎么样？

有的朋友运动到极致，体重却没有明显的变化，这其实是很常见的现象。有的朋友投入大量金钱，上昂贵的私教课，每天坚持练习，自我感觉肌肉练得很不错，但整体的体重却不是控制得特别好。有的朋友爱跳绳，每天跳几千次，2 个月后体重一点都没变化。

遇到这种情况别着急，笔者建议找个营养科大夫，可以在他的帮助下管理一下饮食，因为饮食干预不做到位或不做，只单纯靠运动减肥可是有点难度的！

发表在 2010 年《美国医学杂志》的一份前瞻性研究正说明了这一点。

该研究一共有 34 079 位女性参与，平均年龄 54 岁，从 1992 年开始一直观察到 2007 年，共随访了 13 年。在这 13 年中，研究者并不控制这些参与者的饮食，且按照她们的体力活动强度将其分成 3 组：MET 7.5 以下；7.5 到 21 之间；21 以上。13 年后，这 3 组体重会有什么变化呢？

研究结果发现，13 年后，这些参与研究的女性体重平均增加了 2.6kg。既然是平均，那一定是有多的、有少的。按照 BMI 对结果做一个划分，可以说一目了然。

BMI 小于 25kg/m^2 的女性大约有 4500 多人，占研究总人数的 13.3%，如果能够维持每天 60min 的中等强度活动，那么她们的体重平均增加不到 2.3kg，低于总平均水平，而且经过统计学分析后研究者发现，被试者的体力活动水平与体重值的增加是负相关的，即运动越多，体重越不容易增加。

当 BMI 在 30kg/m^2 以上时，体力活动水平和体重值的增加没有太大的关系。更通俗直白点讲，对于超重或者肥胖的人而言，饮食不控制，只是单纯地运动并不能够预防体重值的增加！

在被试者中，不用控制饮食，能做到只靠运动就维持体重或减肥的，只有 BMI 小于 25kg/m^2 的女性，而 BMI 25 以下按照 WHO 标准属于正常体重范围。

通过这项研究也能看出，不控制饮食正常吃饭，只靠运动控制体重，13 年内体重不增加或增加 2.3kg 以内的人，最低的运动要求是每天进行 60min 中等强度运动，每周要 400min 以上，也都高于常规指南的推荐。

因此，不控制饮食单纯依靠运动并不是可行的减肥方法。如果进行了高强度的运动，如每天跑 5km 或者进行 3000 次跳绳体重却仍然没有特别的变化，那么此时可能需要稍微反省一下，会不会是因为日常生活中摄入了过量的油和盐所致？

什么类型的运动减肥效果最好？

关于运动类型的争议存在已久，究竟是有氧运动好，还是抗阻运动好？

这里先来看一项发表在 2009 年的研究。研究人员选择了 136 名肥胖者，饮食调整后，将参与者按照运动类型分为 4 组，即抗阻组、有氧组、有氧和抗阻联合组、久坐对照组。观察 6 个月后，研究人员发现有氧组、抗阻组和联合组都出现体重下降的现象，而久坐对照组的体重不减反增，这个研究结果是在预料之中的。

再细致地看，从心肺功能的角度来讲，有氧运动或联合运动比较好。从减脂肪的角度来讲，有氧运动或联合运动好。从维持和增加肌肉的角度来讲，抗阻运动或联合运动好。从胰岛素抵抗的角度来讲，有氧运动加联合运动好。

因此，有氧运动和抗阻联合运动可能是各种获益都较好的选择。

减肥有一句特别通俗的话叫减脂增肌，其核心是增加骨骼肌的量，所以一定得保持抗阻运动量。

一个 2017 年发表在《新英格兰医学杂志》的研究也发现，想要维持肌肉或降低体重，抗阻运动或者联合运动比单纯有氧运动要好一些。

从运动科学的角度来讲，一开始可以选择做一些平衡运动和柔韧运动，然后做一些有氧运动和抗阻运动，最后再稍微做一些拉伸，这样运动的减肥效果会比较好。

那么，什么类型的运动最好？有氧运动有利于心肺功能，抗阻运动有利于肌肉维持。但很多朋友们会有类似的经历，心血来潮办一张健身卡、买一个运动器械、请一个运动私教……在花钱之后心理上觉得很放松，暗示自己好像马上就要运动了。但实际上健身卡直到过期也去不了几次，运动器械开封用几次后就长期吃灰，私教的作用止于每天微信运动提醒。所以也不要光说有氧运动好还是抗阻运动好，如果不付出行动，那就没有太大的意义。只有愿意执行和能执行的运动才是最好的！

在制定减肥运动的计划时，千万不要把运动计划搞得太复杂，复杂往往意味着难以持久，靠着毅力坚持三两天还行，时间长了很难坚持。在选择运动类型时自己先要知道，原则上，有氧运动联合抗阻运动可能会更好一些，但动起来更重要。

医生也是一样，给大家的运动建议既要有科学上的考虑也要结合大家的日常生活，推荐最容易完成的运动计划有时比推荐最有效的运动计划更重要。

减肥后想要不反弹需要的最少运动量是多少

常有朋友们问笔者减肥减挺好的，接下来要保持体重不反弹还要做什么活动好？

先来看一项研究，有研究者一共找了 201 名年龄在 21~45 岁的女性当做研究样本，测算出她们的 BMI 在 27~40kg/m^2 之间。研究初始，先让她们控制能量摄入来减肥，每天只提供 1200~1500kcal 的食物，同时按照不同运动强度和时间将其分为 4 组：高强度短时间、高强度长时间、低强度短时间和低强度长时间，最后比较不同运动强度和时间下减重和维持减重的效果。

在长达 2 年的干预期中，研究者发现被研究样本基本有类似的体重变化曲线（详见减重时间规律一节），同时该研究也发现，在减重 6 个月时被研究者体重值到达最低，平均减重 8%~10%，其后慢慢回弹。2 年后，她们平均减重 5% 左右。

2 年后的结果证明不同运动分组之间的减重效果并没有统计学差异，而每周运动 275min 以上或消耗 1835kcal 的人更容易减重并在减重 10% 左右之后继续维持。

持续减重 2 年而维持不太明显的反弹，需要在限制能量摄入的基础上每周最低保障 275min 的运动。

动比不动好，要避免久坐！

不运动是很难减肥的，而久坐还会增加死亡的风险。

研究发现，经常久坐不动的人容易出现脂肪肝，血压血糖异常等现象，患结肠癌和乳腺癌的风险也会增加，总体死亡风险更高。而且，对于 BMI 在 25kg/m^2 以上的人群来说，这类风险还要高于 BMI 正常的人。

现在很多人工作都特别忙，不过再忙每 1h 起来倒杯水或上个厕所的时间一定是能挤出来的，关键在于自己是否在意自己的身体，愿不愿意去做。

运动虽好，但更要小心！

在协和营养科笔者门诊减肥，前 3 个月笔者一般对患者的运动量要求不高，就 2 个动作，一个是拿矿泉水瓶子当做小哑铃，每天做 3~5 次，每次 10min；另一个是简单的卷腹或平板支撑 3min。每次随诊，都要反复叮嘱患者不要做用腿的活动，千万要做好拉伸……因为医生已经见过太多各种各样因运动造成损伤的案例。

运动可能会让人受伤，肥胖患者运动时更容易受伤，体重大的朋友们做运动时一定要小心，因为各种运动损伤的风险让人防不胜防，如走多了膝关节磨坏的，交叉韧带拉断的，足底筋膜炎的，扭了腰肌肉损伤的，腰椎压缩性骨折的，晚上夜跑掉坑里骨折的，不小心摔倒了手臂骨折的，跑 5km 然后横纹肌溶解尿血的……

在运动受伤后，无论做手术还是进行康复治疗，减肥都只能暂停。一来一回，前面的减肥效果基本归零。因此，为了保持减肥成果，运动也得小心！

减肥引起的运动损伤还会有两个会致命的风险，即心律失常和心梗。面对这类风险，如果发作时身边没有人或抢救不及时，真的会导致人猝死。尤其是体重过大时，患者心脏可能因为代偿而增大，或者本身有先天的心脏疾患而不自知，再加上平时工作学习的劳累，如果不在运动时加以注意，强行进行高强度运动会非常危险。

每年网上都有减肥训练营猝死的例子，每个悲剧都格外让人惋惜。为此，通过较高强度运动进行减肥前一定要先评估心脏功能。

普通人如何寻求专业的运动指导？

看到这里大家可能会有些困惑，不运动不利于减肥，运动却有风险，那么普通人想要减肥，应该怎么来寻求专业的运动建议呢？

笔者有一个方法，大多数三级医院一般都有康复理疗科，这是专门研究运动和康复的医疗科室。挂一个号，找个大夫，请他专门分析一下到底该怎么去运动，尤其有一些因为运动出现了关节问题或者不适的朋友们，去找专业的运动指导，一定比自己盲目运动要安全。

挂号费区区几十元钱，这里有个体化指导，且患者可以得到媲美奥运会运动员同等需求的运动康复方案，性价比极高。

问题 1：减肥要不要请运动私教呢？

笔者认为不是必须的！在笔者门诊，医生一般都会问患者日常运动情况、有没有请私教之类的问题。对于请了私教的患者，笔者通常会建议将私教时间往后推延，在医院接受完 3 个月或 6 个月的减肥疗程后再继续请私教指导。另外笔者还想提醒大家，最好找有相关资质的私教，想要性价比更高的，不妨看看三级医院的康复科。

问题 2：是不是随着半年 1 年后减重结束，要想继续保持体重对运动的要求是更高的，需要再增加运动量，而不是说进入维持期慢慢地不动？

理论上来讲是的，但是在实际减肥过程后还要看每个人的具体情况，如果说减重期间的活动量已经很强，维持期间想要再强化，可能也不一定能做到。所以还应该根据每个人的具体情况找医生去做一个评估，慢慢地增加运动量，不要盲目地进行高强度运动。如果说减重期间运动还好，减重进入第6个月后稍微增加运动强度，效果可能会更好。减肥期间运动的效果越往后越大，运动一直有效，减肥半年后效果会更有效。

问题3：在医院拿到了营养处方之后，又自己安排了健身课，比如说晚上7点做瑜伽，上瑜伽课之前要求是空腹，能不能把晚餐调整到再晚一点，或者上高强度训练之前，能不能再多吃一点？

在门诊，笔者还是那句话，建议把私教课程挪到减重3个月之后，两者之间不会产生冲突，也相对省钱。

营养减重，节奏和规律特别重要，尽量定时吃饭，不要打乱节奏！先以营养方案为主，毕竟在减重时运动最多消耗能量的30%。具体的活动，可以结合患者的生活习惯再去做一些调整。

问题4：因为身体原因，下肢行动不便，只能靠上肢做抗阻运动。双手举哑铃，一开始的重量是1.5kg，维持了2个月。从一开始运动出汗到现在不怎么出汗，然后又换了3kg的重量，体重下降得还不错，哑铃的重量与体重的下降幅度有没有必然的联系？

这个问题挺好，但是笔者还是想说一下，如果是女性的话建议点到为止，做哑铃动作太容易练出肱二头肌，可能会对个人的形象造成影响。如果患者的年龄较大，做哑铃动作也得注意肩关节、肘关节舒不舒服。即便只用上肢，也不一定非得做哑铃。

有关增加哑铃重量的问题要因人而异，减肥是个长期的过程，需要循序渐进。

问题5：运动后如何测心率？摸摸自己的脉搏，有时候快有时候慢，有没有什么特别好的方式测脉搏？

笔者做研究的时候会给患者发可以检测脉搏的手环，每一个人用一个手环，采集不同天的数据做比较，这样才具有一定的参考价值。

问题6：作者经常要求的2个动作是什么？

协和营养科笔者门诊一般都会要求患者做2个动作。

第一个，简单点的卷腹。在硬地板上躺平，上半身不动，下半身脚跟腿并排打直再抬高 20°左右，抬高过程不能够动来动去，要保持全身姿势不变，累了放下来歇一会儿再来，每天累计时间 3min 左右。这个动作挺难的，但是对于瘦肚子上的肉来说是比较有效的，如果大多数患者坚持不下来，也可以不作强求。如果本身腰不好就不建议做这项动作，换成做平板支撑也行。

第二个，简易哑铃。办公桌上放 500ml 的一瓶水，重量也不用特别大，拿它当作哑铃，每次举 10min 左右，一天 3~5 次，对于女性朋友们来说，这个动作既能让上肢的皮肤和肌肉稍微紧致一些，又不至于把肱二头肌练出来。而且这个动作很方便，不耽误日常的工作学习。

这样 2 个简单的动作是笔者个人比较推荐的，因为大多数人忙于工作，长时间的运动太难，所以在协和营养科门诊减肥，前 3 个月笔者会对患者提一点小要求，但是依然有很多患者因为时间问题难以做到。

问题 7：揉腹部能不能减少腹部的脂肪？

可能不太行。类似的方式很多患者可能还看到过塑料膜裹腹桑拿，其实这种方式带来的效果很一般。减腹部脂肪，既要通过减少饮食的热量摄入控制整体的减重，又要配合卷腹类的针对性训练，揉肚子作用不大。

问题 8：每天早晨慢跑 30min 4.5km，周末还加量，坚持好几年了，但是最近半年减重效果不理想。是继续原来跑步的方式，还是换个运动方式？

这种情况在生活中很常见。首先，控制体重不一定需要加运动，稍微管理一下饮食，效果很快就出来了，如果本来运动强度就很大，可以另外进行饮食干预。其次，长期习惯跑步是一种生活常态，不跑了可能会觉得很不舒服，跑一跑心情会很愉悦。最后，如果有需要的话可以来门诊看看。

问题 9：运动要不要吃补充剂，如各种氨基酸之类？

不建议。类似的 HMB、睾酮等补充剂的长期安全性尚不确定，不建议自己盲目服用，需要在专业医生指导下服用。

问题 10：运动时腓肠肌撕裂，卧床 2 个月体重反弹，想要继续减肥应该怎么办？换方案还是坚持原来的方案？

运动受损体重反弹是很常见的问题，要先到门诊就诊后再做决定。

12 想睡个好觉来减肥，怎么办？

现在很多人都特别容易“五行缺觉”，这其中原因很多，既有学习工作生活压力大的因素，也有手机平板上诱惑太多的因素，还可能因疾病疼痛困扰等，林林总总，不一而足。

作为一个专业的营养科大夫，笔者在门诊中发现很多肥胖患者们或多或少都存在睡眠不足的问题，要么睡眠时间不够，要么睡眠质量不好，要么睡觉不规律……很多人肥胖或者减肥效果不好都是因为睡眠有问题。

睡得少，容易胖！

人每天睡多长时间合适呢？不同研究的观点稍有不同，但通常不宜少于6~7h。

睡得少的人更容易肥胖，是真的吗？

1995年，有8万多年龄在51~72岁不等的美国人加入了一项科学研究。该研究记录了他们每天的睡眠时间，美国睡眠医学会(American Academy of Sleep Medicine, AASM)建议美国人每晚睡觉7h以上。睡觉时间同肥胖到底有没有关系？答案是肯定的。到2004年，研究七年半之后，科学家们发现睡眠时间在7h以内的人与正常睡眠7~8h的人相比更容易肥胖。

而且，睡眠和吃饭一样是人类最基本的权利，不论学历高低、年龄大小、爱不爱活动和吸不吸烟，睡得不够就是会变胖。

每天的基础睡眠时间有多重要呢？即便体重不大的正常人，如果经常睡眠不足5h，7年后也更容易变成胖子！

支持此观点的不仅仅有国外的研究，我国相关研究也是如此。

复旦大学华山医院的专家们调查了刚上大学的1938名年轻人，发现13.6%

的学生超重或肥胖，而睡眠时间不足 6h 的人更容易肥胖，体脂率也偏高；而保障 8h 睡眠的学生肥胖率更低一些。所以睡得少更容易胖。

那么，是不是睡觉时间越长就越容易变瘦呢？并非如此。好几个研究都发现睡眠时间 9h 以上的人有更容易变瘦的趋势，尤其是女性，“睡个美容觉”看起来更容易变瘦，但从统计学上角度上看，两类人没有差异。因为睡眠 9h 以上的研究有点难度，并不是所有人都能习惯做到每天睡觉 9h……

为此，保证基本睡眠，少熬夜才是正确的基本生活方式。

睡不好容易胖吗？

睡眠质量取决于睡眠期间的觉醒次数、深度睡眠占整个睡眠时长的比例和持续时间等。有些事情看似微不足道，但真的有可能会影响到人的睡眠质量。

有的人习惯抱着手机平板刷剧，手机还亮着人却睡着了……别说这样，就是睡眠时在卧室里开个夜灯也能把人照胖吗？

2003 年，美国和波多黎各的科学家联合进行了一项实验，选择了大约 43 000 多名平均年龄 55 岁左右没有乳腺癌的女性进行研究。科学家们观察了这些女性睡觉时卧室中有无夜灯，屋外有无照明，是否有开电视等人工灯光等情况。在观察了 6 年后，即 2009 年，科学家们发现睡觉习惯点个灯的人更容易胖，而且即便是原来体重正常的人，如果经常暴露于灯光睡眠也容易变胖。因为环境中的灯光可能会影响到睡眠质量和睡眠潜伏期。

所以，笔者在此建议睡前关闭手机以及各类灯光，保证睡眠质量。

睡不规律容易胖吗？

早睡早起，定时吃饭，这些是大家从小就熟知的常识，大多数时候人们对此也许不以为然，但其实很多研究已经证实这些不仅仅是“老生常谈”，而是真有科学道理的。

2017 年，西班牙和墨西哥的科学家联合进行了一项实验，科学家们找了 500 多名 18~25 岁的年轻人，要求他们吃地中海饮食。地中海饮食一直是全球公认最健康的饮食模式之一，同长寿、预防心脑血管疾病等关系密切。

在进行健康饮食研究的同时，科学家们也在观察这些年轻人周末和工作日之间睡眠是否规律，研究周末和工作日睡眠时间差值同地中海饮食依从性和肥胖的关系。结果科学家们发现被试者周末和工作日睡眠时间差越大，即睡眠时间越不规律，地中海饮食的依从性也就越差。具体表现为蔬果吃得少，早餐常常不吃，这样一来特别容易肥胖。

也就是说，即便是日常采纳健康如地中海饮食一样的生活方式，不规律睡眠也容易让人长胖！

这些研究确认了睡觉同肥胖有关系。因为睡眠少了就容易吃得多，也容易造成白天疲劳、活动少进而使能量消耗减少，然后影响到能量代谢、激素代谢，如有动物研究发现睡眠差会抑制动物体内褪黑素的生成，导致动物的昼夜节律紊乱。

肥胖后也可能睡不好！

睡眠质量差会让人更容易胖，反之，肥胖之后也有一种情况会影响睡眠，叫睡眠呼吸暂停综合征。

打呼噜是很常见的现象，但在打呼噜的时候骤然停止一段时间，仿佛呼吸停止，就比较吓人了。

睡眠呼吸暂停综合征在肥胖人群里很常见，具体表现为夜间打鼾、窒息，到了白天就开始犯困、嗜睡、疲劳，甚至有的人开着车就睡着了。儿童肥胖更要留心，晚上打呼噜会导致白天犯困，注意力不容易集中，会影响学习。

如果肥胖的朋友们有打鼾异常的情况，**可以去医院的呼吸内科求诊**，做个睡眠监测，有一个专业指标叫做呼吸暂停低通气指数 (apnea hypopnea index, AHI)，结合症状就能诊断睡眠呼吸暂停综合征，不过需要的时候可能患者得带个呼吸机睡觉。

如何睡得好，有几个小妙招儿不妨试试

尽量保证睡眠时间充足，少熬夜；

要有仪式感，睡前 1h 开始洗漱、熄灯等一系列行为，养成良好的生活习惯，这种习惯类似于条件反射，一旦养成受益许久，这是睡眠治疗干预的常用策略之一，可以改善患者的睡眠情况，当然，一定要避免睡前刷手机平板；

周末和工作日作息要保持一致，形成准确的生物钟；

可以选择安静的环境、舒适的床垫和枕头，少开夜灯；

睡前避免吸烟，暴食或摄入大量咖啡因；

睡前调整心情，不在睡前回忆不开心的事情，避免情绪干扰；

睡不着的时候减少看表或手机的次数；

可以中午小憩，但时间不宜过长，半小时左右为宜；

可以每天适当锻炼，定期运动有利于助眠。

最后，也是最重要的，睡眠是一门科学。有自己的专业术语，如失眠、睡眠不足、睡眠剥夺、睡眠不足综合征等，有国际睡眠障碍分类 (International Classification of Sleep Disorders, ICSD) 诊断，有诊疗标准、指南和流程，国内也有睡眠指南来指导临床实践。老是睡不好的患者可以寻求专业人士帮忙，看看神经内科和心理科。另外，千万不要自己在网上买所谓的保健品来帮助睡眠。合并睡眠呼吸暂停综合征而影响睡眠者最好看看呼吸内科。

总之，想要减肥，想要让“管住嘴迈开腿”事半功倍，不妨先从好好睡觉开始。要有充足的睡眠时间和好的睡眠质量，并构建规律的睡眠。

13 减肥后体重反弹怎么办？

减肥就怕反弹。

有个患者来到协和营养科笔者门诊，她曾在 2018 年来协和营养科门诊开始减肥，因为工作的关系没有太多的时间来随诊，一直是自己在执行。前面效果很明显，体重从 2018 年的 98kg 减到 2019 年的 67kg 左右，后面因为居家办公出现了反弹，这一次回来体重增长到 90kg，所以有点都不好意思来门诊。但她最后想了想还是正规就诊比较放心所以又来了。她自己分析反弹的原因，觉得和没有定期来随诊有关系。

减肥时的反弹是很常见的现象，而定期随诊对预防减肥反弹很有帮助。反弹后不好意思来门诊乃是人之常情，但能回来门诊就诊还是值得表扬的。

减肥中，患者跟医生之间的信任非常重要。其实很多时候医生不担心患者的体重反弹，但是医生希望患者能够定期随诊，这样医生才能对任何出现的情况进行干预，及时做针对性调整，而不随诊则不容易应对各种状况，很容易导致患者体重失控，快速反弹。

减肥会反弹，这其实是自然规律

在减肥过程中，患者或多或少都会遇到反弹的情况，不用内疚，也不用特别地纠结，这是自然规律。

减重的体重变化曲线常常是一个“对勾”的形状，减肥把体重减到最低点后，一定会有往回反弹的趋势（详见减肥时间规律一节）。

即便对减肥“断舍离”最狠的减肥手术，术后 5 年乃至 10 年体重也会出现反弹，其主要原因有不依从性进食，切小了的胃囊或胃空肠吻合口逐渐扩张……减肥手术虽然效果好，但也不是一劳永逸，良好的饮食生活习惯还是要养成的！

为什么减肥后体重会反弹？

体重反弹难道仅仅是因为毅力不够，不能坚持吗？不全是，减肥反弹也有许多客观原因。

第一，减肥往往伴随着能量消耗的下降。

很多研究发现，减肥往往伴随着基础代谢率的下降，减重 10% 左右，基础能量消耗可能减少 300kcal。

来做个简单的计算题。

假设一个人正常的基础代谢是 1300kcal，每天基础能量消耗 1300kcal，为了减肥，通过饥饿把饮食摄入调整到 1200kcal，使能量摄入负平衡，体重开始下降。

这个时候，通过饿肚子不吃晚饭等方式减掉的多半是肌肉，骨骼肌减少后直接会引发基础代谢下降，由原来的 1300kcal 消耗变成了 1200kcal，这样再按着 1200kcal 的标准摄入能量，摄入和消耗会达到新的平衡，体重不会再有变化。

此时，稍微多吃一点，饮食摄入 1300kcal 能量，能量摄入转为正平衡，体重自然会开始增加。

然后，部分减肥的朋友就会失去信心，开始随随便便吃饭，导致能量摄入进一步增加，甚至达到 2000kcal，体重自然而然一下就“吹”起来了，同时人也会觉得疲惫。

这也是网上常见的“高大上”减肥方法容易造成反弹的原因。

为什么要进行医学营养减重呢？因为大多数进行营养减重的朋友基础代谢基本是能够维持的，甚至表现好的时候自身基础代谢是增加的，这样才不容易反弹。

第二，激素也是导致患者减肥反弹的原因之一。

通过饮食控制实现体重下降后，身体会判断患者是吃不饱饿肚子，为防止出现营养问题，身体会马上启动反馈调节，让食欲刺激素 (ghrelin) 和抑胃肽等激素的分泌增加，促进食欲的同时储存能量；同时，让瘦素、肽 YY、胆囊收缩素和胰多肽等激素减少分泌，避免影响食欲和消化。

在这一调节食欲的外周激素信号变化过程中，增加的激素全是容易胖的，减少的激素都是容易瘦的，而且这一变化很可能会持续很长时间，所以减重时的反弹有很大一部分原因是由激素造成的。

话虽如此，也不能完全以激素作为减肥反弹的借口，有的朋友们减肥的效果能够维持2~3年，难道就不怕激素反馈吗？其实他们也怕，只是他们付出的更多罢了。

第三，从脂肪细胞说起。

预防减肥反弹在专业上叫作减重后的体重维持，是减肥过程中最大的难点。关于减重维持的研究很多，有科学家发现减肥后和反弹后，人体脂肪细胞也有相应的变化。从脂肪细胞水平来看，当减重开始，体重下降了后，不仅人变瘦了，正常的脂肪细胞直径也变小了。在减重刚刚结束时，直径较小的细胞仍占多数，但随着减重后维持的时间推移，小细胞的数量会越来越少，脂肪细胞会逐步地“变胖”，而体重也一步步地反弹。

如何预防减重反弹？

想要减重不反弹，单靠毅力是很难坚持的，因为大多数人会对自我约束这件事“望而却步”。而减肥过程中养成的良好生活习惯会将一些减肥行为干预习惯化（详见吃饭技巧一节），这反而可能是更好的策略。

第一，使用正确的减肥方法，医学营养减重才更不容易反弹。

体重的下降需要科学地设计。不要羡慕那些盲目少吃多动的方法，刚开始减重1个月掉10kg的人不少，但是如果没有科学地设计，很多时候肥肉减得快，长回来得也快。医学营养减重是有科学设计的，只要能定期随诊、科学规划，是不容易反弹的。

第二，设计正确的减肥饮食，高蛋白、低血糖生成指数的饮食让人更不容易反弹。

有一个小样本的研究发现，在减肥3个月的人群中，高蛋白饮食的减肥人群体重维持可能会更好一些，比对照组能多减2.3kg，所以高蛋白饮食的反弹可能会更少一些。

另一个关于减肥反弹的研究发表在2010年的《新英格兰医学杂志》，其将已采用低热量膳食(800~1000kcal/d)减掉8%体重的773人随机分为5组：高蛋白低血糖生成指数、高蛋白高血糖生成指数、低蛋白低血糖生成指数、低蛋白高血糖生成指数和正常饮食空白对照组。

在饮食干预26周后，研究者发现低蛋白质组体重反弹明显，比高蛋白质组多反弹 1kg 左右，高血糖指数组反弹明显高于低血糖指数组，唯一体重没有反弹的是高蛋白质低血糖指数膳食组，甚至还能继续减。所以要想预防反弹，笔者推荐经专业营养医师或营养师设计的高蛋白低血糖生成指数饮食。

第三，减肥行为要对，选对策略才更不容易反弹。

很多朋友们在发现体重反弹后不愿意测量体重，但每天测体重是正确的减肥行为，长期监测体重能够时时提醒人注意自身的体重状况。除此之外还有一些其他行为干预对减肥很重要，包括定时吃饭、适当咀嚼、先吃菜后吃饭、早睡觉等。这些小细节是在协和营养科笔者门诊减肥时的常规要求，目的不全是为了减肥，更是为了让患者在 3 个月或 6 个月后不太容易反弹。

第四，减肥运动要对，只有长期保持运动才能不反弹。

减肥需要运动，想要长期保持体重不反弹更需要规律的运动，还要保证一定的运动强度和时间，高水平的运动是减肥不反弹的重要条件（详见运动一节）。

第五，虽然技巧很重要，但信念、毅力和坚持更重要。在心理学中，有一系列以“正念”为基础的心理疗法对减肥很有参考价值，当患者长期减肥，感觉辛苦、坚持不下去的时候可以试试。

有些朋友的自身毅力特别强大，但其实笔者门诊不是特别建议患者单纯依靠主观意志、毅力去减肥，因为减肥本身是要对抗自然规律的，对抗规律，单纯依靠毅力，一天两天行，一年两年却很困难。

第六，膳食依从性很重要，但更重要的是选择自己能做到的。

在减肥过程中，可以不断调整饮食和运动习惯，根据自己的爱好和个体因素选择自己最容易做到的方案。

健康饮食虽好，但能执行更重要，不能简单地“一刀切”。

有一些患者在家不能做饭，只能在单位吃、外面吃或者点外卖，这时候笔者一般都会教这些患者怎么点外卖，怎么选择最合适，选择尽可能有效的策略，这样才容易增加依从性。

要想减肥不反弹，最好能把各种各样的因素，如饮食、活动和环境等都变成自己的一种习惯，习惯化是最好的预防反弹策略。

体重管理是一种生活态度，无论是为了健康还是为了外形美观，这本身对自己而言就是一种历练。很多患者在减重成功后觉得自信心和心情状态都会好，这是因为对抗自然规律并且取得成绩之后自然而然的收获。历练成功后，人的状态、形象、自信度完全是不一样的。

问题 1：体重反弹了十几斤，可不可以自己按照以前的方案再来一轮高蛋白方案？

答：不建议。最好还是能来门诊看看，评估完之后再看。一些比较“狠”的方案在第二次自己做的时候效果不一定好，还是建议进行专业评估，看看哪些小细节做得不是特别到位，理清需要强化的、需要着重落实的点。

问题 2：脚扭伤了，有好几周不能运动，担心体重反弹，怎么办？

答：这里还是提醒患者一下，减肥时一定要做好自我保护，注意避免运动损伤。如果出现了脚扭伤，第一，恢复期饮食不用过度限制，别影响恢复；第二，行为干预建议可以坚持；第三，别放松心态，恢复后去门诊随诊即可。

问题 3：体重反弹了，不好意思去找大夫怎么办？

答：减肥后，除自己之外最希望您体重不反弹的就是制定方案的大夫了。所以不要羞于找大夫，必要时还是需要大夫帮患者捋一捋原因并找出应对方法的。

问题 4：减肥期间遇到饭局怎么办？

答：少举筷子多倾听，这样不仅可以减少食物的摄入量，还可以建立一个好人缘。此外，如果确实吃多了，第二天适当活动，等价交换摄入的热量即可。

14 减肥后便秘怎么办?

便秘是减重过程中常见的不良反应之一，尤其在自行节食减肥的朋友身上特别常见。

所以笔者在这里跟读者稍微聊一聊便秘的问题。

便秘在日常生活中很常见，其具体体现在下面几点。

首先，便秘体现在大便次数变少，一周小于3次；其次，便秘体现在大便干硬；最后，便秘体现在排便困难，经常有人在厕所里坐半个小时完全没反应。以这3个最主要的特征为基础，在临床上诊断时常用罗马标准，我国也有相应的临床诊疗指南，如慢性便秘即是持续时间在6个月以上的便秘。

目前已有文献报道，我国人群中便秘发生率大约在4%~6%，在年龄大于60岁的人群中发生率可能增加到22%甚至更高。在特定的人群中，便秘的发生率会明显增高，如70岁以上的女性，又如长期卧床的人和正在减重的人。

在这里给读者讲几个有关减重中出现便秘的研究。

第一个研究发现通过生酮饮食和奥利司他减重都会便秘。

2010年，科学家们设计了一个比较奥利司他减重和生酮饮食减重效果的随机对照研究，该研究纳入样本146人，平均年龄52岁，平均BMI在39.3kg/m^2，72%为男性。减重干预48周，对总的能量摄入进行限制，平均正常的能量需要量减少500~1000kcal。在此基础上将样本分成两组，第一组是生酮组，碳水化合物摄入每天要小于20g，第二组是奥利司他组，每天摄入120mg奥利司他，分3次口服。

生酮饮食做起来其实还有难度的，在48周后，生酮组21%的人都因种种原因脱离了试验，没有持续到研究的结尾，最后只有57个人能够去做分析。奥利司他组，则有65个人坚持到了最后的分析环节。

研究发现，两组减重方法效果类似，并没有统计学上的差异。但是，这两种方法带来的不良反应很多，排第一的就是便秘。生酮组69%的人被发现有便秘，而奥利司他组41%的人被发现有便秘。

除便秘以外，生酮组的人还伴有尿频、口臭、胀气、胃肠不适和腹泻等并发症发生，而奥利司他组胃肠不适和腹泻的发生率甚至可能会更高。

这一研究表明，通过生酮饮食和奥利司他减重都会出现便秘，且生酮饮食发生便秘的可能性会更高一些，因此这两种方法都不是医学营养减重时的常规推荐策略。

第二个研究发现代餐减重也会导致便秘。

这是2018年的一个研究，研究只吃代餐能不能有效地减重，其证据级别很高。科学家们选择美国的9家医学中心，纳入了273人为样本，其平均BMI约38.8kg/m^2，被随机分成两组。

代餐组135人每天只吃代餐包，持续12~16周，然后饮食过渡到第26周，其后正常吃饭，每天再加一包代餐，直到52周为止。对照组138人，先进行限能量平衡膳食26周，能量比正常所需减少500~750kcal，其后继续26周的普通饮食。干预期间，两组同时进行运动调节，包括每周180min的中等强度运动。最后，比较两组在26周和52周的体重和体成分的变化。

从结果上看，代餐组的减重效果比对照组要好一些。但是，代餐组便秘的情况也更为明显，作为样本的135个人中29人出现便秘，发生率是18.7%，而限能量平衡膳食组只有4人便秘，发生率仅是2.7%。

研究证实，代餐组减得好，便秘的发生率也更高。

第三个研究发现了打针（利拉鲁肽等）减重也会导致便秘。

这个研究也是一个多中心的随机对照研究，其证据级别很高。2015—2016年，国外8个国家71家医院联合研究，共选择18岁以上没有糖尿病且平均BMI 39.3kg/m^{2}的人群为样本，持续打针52周来减重，观察一种新药的减重效果。该研究将样本分成3组，其中新药组打一种新药（尚无商品），普通对照组注射利拉鲁肽，目前国内也有，主要用于2型糖尿病合并肥胖的治疗，空白对照组，注射灭菌注射用水。

结果显示，打针减重的效果十分明显，新药最小的剂量也可以达到减重6%

的效果，最大剂量能够让患者体重减掉 13.8%，比已在临床大规模应用的利拉鲁肽的效果还要好。但与之伴随的是不良反应的发生率也更高。在新药不同的剂型下，患者便秘的发生率为 13%~28%，最大剂量时，有近三分之一的患者会便秘；普通对照组注射利拉鲁肽，便秘发生率在 23% 左右；而空白对照组便秘发生率是 4% 左右。

以上三项研究都有一个共同的发现，那就是减重效果越好的方法，患者便秘的发生概率就越高。这也说明了越是有效的减肥方法，越强的针剂剂量，对身体排便的影响肯定也就越大。

不论是严格控制饮食减重、代餐减重、口服药物减重还是注射用药减重，都容易打乱患者已有的胃肠节律，使得便秘的发生率变高。

造成便秘的原因还有很多。

首先是饮水少。这是 60 岁以上的患者出现便秘最常见的原因，水喝得不够一定会使大便干燥的。所以，在减重过程中补充身体的水分特别重要，不好好喝水不但容易引发便秘，减重的效果也可能变差。只有当水分充足时，身体才能把更多的代谢废物排出去，才能够保持大便的通畅。

其次，减肥使生活习惯发生了改变。在减重的过程中，不论是正规减重还是节食减重，既往的生活习惯往往都会有一些变化，于是很多人就会出现便秘的情况。举个简单的例子，有的人平时排便情况还不错，但是去旅游之后，哪怕只是几天也可能会出现大便干燥的情况。

再次，减重后，身体可能会有肌肉的消耗。这种肌肉的消耗，被消耗的不仅仅是骨骼肌，胃肠道里的肌肉肯定也会发生变化，消耗过多就可能会影响肠胃的功能。尤其一些中年女性身体中的脂肪含量很高，肌肉被消耗后身上的肉就会变得松弛。在这种情况下，很可能会出现直肠前突，然后大便到了打弯的部分无法直接被排出来，于是就会感觉排便困难。

另外，减重后，很多人蔬菜、水果和粗粮的摄入也可能变少。肠道中有大约 1×10^{14} 个细菌和人类和谐相处，它们喜好纤维，尤喜可溶性膳食纤维。哪些食物能提供更多的纤维呢？蔬菜，尤其是瓜类蔬菜、水果和粗粮。这些食物给人们带来美味享受的同时，更重要的作用是给肚子里的细菌提供纤维。如果环境、饮食和生活方式的改变导致人体摄入的纤维量变少，那么这些细菌就没有可吸收的能量了，接着就会使人们出现便秘、腹胀的症状。

此外，久坐是很多人的生活常态。2012 年《柳叶刀》杂志发表研究认为避免久坐可减轻代谢疾病发生的风险。加拿大一项前瞻性的纳入 17 013 人的研究随访 12 年后发现，静坐时间长者死亡率增加，久坐不动，胃肠蠕动会减慢，更容易大便干燥。

便秘与精神紧张也可能有关系，工作压力大、睡眠不好、精神紧张都可能会造成大便干燥。

还有一些人减重前就便秘，这有很多原因，如控制胃肠运动的中枢神经出了问题，脑外伤、脑梗等；又如中枢神经传导出了问题，自主神经病变；再如肠道内部神经传导出了问题，先天性巨结肠；如肠道局部排便感受器缺如，原因可能是糖尿病、甲状腺功能减退等；如肌肉有问题，括约肌失力迟缓；如直肠外压性改变，直肠前突；如精神心理压力；如药物引发，像吗啡等。从上到下林林总总不一而足，而且“真相”往往不止一个，这个时候可能就需要一个一个问题去捋，一个一个抽丝剥茧一样去查找、去找寻，再针对性地解决，这就需要患者到正规医院消化内科就诊以排除问题。

减重中如果出现便秘的情况，通常可以试试下面几个方法。

第一，在减重期间放松心情，不要过度紧张。

第二，减重期间一定要养成定时排便的好习惯。

便意也是奢侈品？有些人可能觉得不可思议，但这绝非危言耸听。因为顽固便秘人群基本上是没有便意的，在这种情况下，晨起后定时解大便是一种行为干预，开始不一定能解出来，但每天练习 5min，几个月下来就可能建立起条件反射，培养排便的感觉。

另外，排便也要有仪式感，排便时周边环境最好无干扰，不要过长时间，不建议如厕时阅读。

姿势上，蹲姿比坐姿更有利于排便，然而现在的卫生间多设置抽水马桶。为此，有专家总结了马桶排便推荐姿势：双肘靠膝，身体前倾，挺直后背，可以脚踩矮凳。这些姿势主要是为了在排便时充分发挥腹肌的作用。先是腹式呼吸，开始放松肛门，再是持续放松并膨隆腹部肌肉，最后，收缩肛门结束。

第三，避免久坐，适当活动。

避免久坐和做适当的活动有助于排便通畅。患者可以去练习提肛动作，模拟解大便时的动作，一组做 20~30 次，每天做个 3~5 组。

第四，保证水和膳食纤维的摄入。

从饮食上讲，便秘患者应优先保证足够的水分摄入，身体摄入水分不足后大便一定是会干燥的。同时，喝水的时候也要注意，不要一次性饮用过量的水，应少量多次。

注意蔬果粗粮的摄入，吃蔬果粗粮的主要目的不仅仅为了果腹，更是为了给肠胃中的细菌足够的养分。蔬果粗粮里面含有的膳食纤维，可以维持这些细菌生态平衡。

膳食指南推荐的膳食纤维摄入量为每天 30g 左右，实际上，日常生活中人们的蔬果粗粮摄入量往往少于推荐量。单纯食物来源可能难以满足肠道菌的需求，而细菌摄入不到足量的纤维，人就容易产生便秘。

为此，可以适当补充一些可溶性膳食纤维制剂，这种方法简单直接，效果明显。这些制剂有果胶、低聚糖等多类，但目前没有特定的适合中国人的制剂类型，患者可以都试一试，总有一种合适的。同时为了让肠道菌群平衡，补充适当的益生菌也是有益的。

对于饱受便秘困扰的人群来说，可溶性膳食纤维是居家旅行的首选推荐，尤其是外出游玩、生活节律打乱时。首次可以服用 10~15g 看看效果，不行可以再加一剂。

第五，泻药。这招多用于“江湖救急”，但不适合长期使用。

常用的泻药有：容积性泻药，如欧车前；渗透性泻药，如聚乙二醇，乳果糖等；刺激性泻药，如番泻叶等；促肠动力药，如普芦卡必利等；还有一些传统医学的药物。这些药物的疗效可能因人而异，应遵医嘱或药师建议选用。

灌肠也是一种解决方案，常用方法有开塞露或“大耗子”甘油灌肠剂，适合直肠粪便嵌塞等症状，简单易得，快速有效。

这些策略长期使用可能造成肠道平滑肌萎缩，使肠道蠕动性更差，并可能造成慢性损害，所以应遵医嘱酌情使用，不建议擅自使用。

慢性便秘的诊疗目前已很规范，国内有指南，欧美也有类似指南和共识，无须偏方，正规就诊即可。

问题 1：平时特别不喜欢喝水，吃了益生菌后，便秘也不见改善，为什么？

答：水是人体最重要的营养素，不喜欢喝水的人很难成功减重，而且更容易便秘，所以在日常生活中应该多喝水。至于吃了益生菌便秘也不见改善，那是因为人的肠道里有 10^{14} 个细菌，这些细菌跟人类本和谐相处，有时候不是过于单一的，所以很多时候一种益生菌对一个人有很好的效果，而对另一个人的效果则不是特别好，因为每个人的菌群并不是完全一样的。这个时候笔者建议还是换一种试一试，或者服用一点可溶性膳食纤维可能效果更好一些。

问题 2：我是一名急诊科大夫，想减肥但总要倒班，夜班排班比较乱，生活不规律，便秘严重，有没有什么办法调整一下？

答：挺难的，为什么挺难？医务人员来笔者这里减重，笔者一般都会问，1 周值几个夜班？如果说 1 周值 3 个夜班，那么就不需要减重了，因为作息节奏完全是乱的，减重很困难，即使减下去也很难维持。尤其急诊科的医务人员倒班和夜班的频率更高，作息节奏完全是乱的，减重更为困难。如果便秘严重的话，建议还是要多喝水，除此之外吃一点可溶性膳食纤维和益生菌。最后，利用杜密克或福松等药物对症治疗。

问题 3：那些值夜班、生活不规律的人减肥难度大吗？

答：难度很大，这是由工作性质决定的，在笔者自己的临床经验中，出租车司机、高铁司机、地铁司机、警察以及医务人员工作辛苦，压力大，他们减肥是比较困难的。其中尤以三类岗位的医务人员减肥难度最大，分别是急诊科、ICU和外科一线的护士，他们夜班、倒班多，如果有减肥的需要，还是要来门诊一对一问诊，寻找最适合的减肥策略，量身定制减肥计划。

问题 4：便秘吃网上卖的酵素果冻行不行？

答：不太行，笔者本身就不建议服用酵素，而且网上卖的酵素果冻成分不明，一定不要乱吃，不然容易有吃坏身体的风险。还是建议有便秘症状的人前往正规医院的营养科、消化科门诊咨询治疗。

问题 5：减肥出现便秘后，需要一直补充膳食纤维制剂吗，如果不吃就会继续便秘吗？

答：不是必须的，患者在补充膳食纤维制剂的过程中也要注意饮食上的调整，多食用蔬菜，如冬瓜、南瓜、丝瓜、茄子、菜花等富含膳食纤维的蔬菜都是很好的食疗材料。当饮食不再需要严格控制的时候，膳食中各种纤维、脂肪、营养素的来源也会变多，同时便秘的情况也会得到相应的缓解。但是导致便秘的原因很多，如精神紧张、压力大等，因此偶尔临时补充一两次纤维制剂和益生菌也都没有问题。

15 减肥后脱发怎么办?

脱发在节食减肥的过程中也是十分常见的现象。

其实，和便秘等不同，脱发并不是在减重的科学研究中需要特别统计的严重并发症，造成脱发的原因有很多。

第一，正常人都会脱发。

正常情况下，人的头发会因自身新陈代谢而自然脱落，每天自然脱落的头发大约都会有 50~150 根，这个数字因人而异。

那么，每天脱落上百根头发，时间长了人是否会变秃?

答案是不会，因为人的头发有 1 个毛发周期，该周期又可被分为 3 个时期，即生长期、退行期和休止期。正常情况下，90% 的头发都处于生长期，虽然生长速度较慢，但却是持续地、不间断地，90% 的毛孔都在逐步地生长，所以不会秃的。经过生长期后，大约有 1% 左右的头发会进入退行期，然后进入休止期。到了休止期，头发可能就要脱落了，而后经过 2~3 个月的时间，毛发就会恢复并进入到下一个生长期，循环往复，无穷无尽。

第二，脱发的原因并非只有减肥。

脱发的原因有很多。如雄激素增多会引起脱发；甲状腺功能异常可能会引起脱发；如果患有多囊卵巢综合征，那么患者本身就容易脱发。

例如，当压力过大、经常熬夜，某一天发现自己头上有 1cm 甚至 2~3cm 直径范围的头发全没有了，这种情况叫做斑秃。还有一些人有拔毛癖，自个没事往下薅头发，也容易脱发。

笔者在门诊工作中还能遇到很多因肿瘤做治疗的病人，化疗之后人也会出现脱发的现象。

如果说减肥前头发状态正常，减肥之后出现脱发，那么这种脱发很有可能是因为减肥，所以，减肥的人说脱发时，医生一定要仔细询问，弄明白是减肥之前就有脱发，还是减肥后出现脱发。

减肥前脱发

正常的脱发一般来讲有 4 种类型。第 1 种叫瘢痕性脱发，是永久性的，往往是基于疾病，或者外伤等；第 2 种叫非瘢痕性脱发，毛囊是好的，头发还会再生长。如常见的雄激素脱发，顶部的头发可能会变得少一些；第 3 种叫弥漫性脱发，不论是头顶部还是两侧额部都有脱发，但因为毛囊没有受到破坏，一般都能够自己长上来；最后 1 种叫做毛发结构异常，是因为护理不当，如用了不合适的洗发水，洗完头发后头发大量脱落等，这种脱发在生活中还是常能见到的。

减肥后脱发

减肥后的脱发多是弥漫性的，从头顶到两侧的额部整体上掉，变得稀疏，主要表现是急性和慢性的毛发密度降低，但对症处理后应该很快会长出来，一般来说患者不用担心“变秃”。

减肥后发生脱发常是由于以下几个原因。

第一，体重快速下降。曾有文献报道，一些人在减重手术之后脱发量可达 50%~72%。这是因为减重手术后他们的体重下降太快，身体会代偿性地、保护性地关闭非重要的功能，如头发的生长。同时，不健康的减肥方式如过度节食减肥等也会导致头发脱落。

第二，能量和蛋白质摄入严重不足。过度节食减肥会导致蛋白质摄入严重不足，从而引起脱发。因此，减肥时期的饮食需要寻找专业的临床营养医生或营养师去设计和规划，以此寻求营养平衡，预防因能量和蛋白质摄入不足而导致的脱发。

第三，微量营养素的缺乏。营养不良包括两个部分：一个叫做营养不足，将导致身形消瘦；另外一个叫做营养过剩，也就是身形肥胖。肥胖可能是宏量营养素的过剩引发，但正是因为能量摄入过多，代谢能量消耗的辅酶或者微量营养素就会更多，再加上不健康饮食等因素，就会造成身体微量营养素摄入不足，所以在肥胖人群里缺乏维生素 B_1 的人数占 15%~29%，缺乏维生素 B_{12} 的人数占 10%~13%，缺乏铁的人数占 9%~16% 等。从这个角度来看，如果减肥后微量营养素补充不到位或没有补充，一定会出现脱发或者其他症状。

在韩国，有一项关于微量营养素铁的研究将 420 人纳入样本范围，将其分两组：脱发组 210 人；健康对照组（极少脱发）210 人。结果发现，脱发在女性中更为多见，经常脱发的人身体内铁蛋白含量是低的。

那么当人体铁蛋白浓度不足而导致脱发时，应补充多少才合适？针对这一问题，曾有一个小样本的研究给出了提示：把铁蛋白补充到 70μg/L 以上可能会对头发更好。

所以，在医学营养减重开始前，在常规的评估中医生都会给患者筛查铁蛋白水平，如果铁蛋白浓度低于水平线，可以酌情补充，防止脱发。

再讲一个发表于 2018 年，希腊科学家进行的一项有关减重手术的研究。

有 50 例进行腹腔镜袖状胃切除术的患者参与了此次研究，研究手术后 6 个月有多少人会脱发，并比较术前和手术 6 个月后哪些微量营养素会比较缺乏？研究结果发现，手术后 6 个月 56% 的人会脱发，其中，男性占 10%，女性则占 46%，女性脱发可能更严重些。在脱发的人中，术后体内维生素 B_{12}、锌和叶酸水平都比较低。同时研究还发现，给予多种维生素和微量元素制剂干预后能缓解脱发。

因此可得出结论，减重手术之后为了减少脱发，建议患者补充微量营养素。

其实在减重手术的营养指南中对术前和术后补充微量营养素是有严格的、硬性的要求，如果在减重手术之后忘了补微量营养素，脱发可能是最轻的症状。

综上，减肥后脱发更多的是弥漫性的脱发，而导致脱发的原因也多种多样。体重掉得过快，蛋白摄入不够，微量营养素缺乏等都可能会让 7%~35% 本应该属于生长期的毛囊提前进入休止期，进而出现弥漫性脱发。毛发脱落通常肯定会小于 50%，且是可逆的，是有自限性的，毕竟毛囊是活的，对症去因后，一般 2~3 个月头发就很快长回来了，而脱发出现明显的改善则通常见于 6~12 个月。

减肥遇到脱发怎么办？

第一，采用正规营养减重，尽量贴合减重方案。正规医学营养减重，严重脱发的发生率不高，因为减肥前会做评估，如果甲功异常或多囊，医生会针对性地处理；减肥中需要注意补充宏量和微量营养素，医生会对患者现在的生活方式提出建议，预防脱发。

营养减重的方案都是医生或营养师给患者量身定做的，很多人在减重初期体重明显下降，但是几个月后体重掉得慢了，这是自然规律。但有部分患者会因此感到焦急，开始自行调整方案，少吃或不吃。但是自行调整方案往往伴随着新问题的出现，如脱发、便秘等一系列的问题全出来了，所以减重应尽量贴合方案，以此利于稳中有降，降的是身体上真真切切的脂肪。如果单纯依靠饥饿来减重则掉的就会是肌肉，是比较虚假的体重，并且非常容易反弹。

同时，在营养减重的过程中患者应注意配合医生的定期随诊。通过定期随诊，医生可以监控患者的减重过程，并及时判断减重过程中出现的问题，给予患者相应的调整策略。

第二，要注意优质蛋白的补充。如果减重过程中身体的蛋白质摄入不达标，就会出现更严重的脱发症状，所以肉蛋奶该吃的要按要求吃，不要打折扣，尽量达标。

第三，微量营养素的补充。营养减重通常需要补充各种微量营养素，而较为严格的方案也会要求患者在补充常规微量营养素的同时酌情额外补充铁、锌等。

第四，放松心情，保障充足睡眠。睡眠是营养减重中的常规要求，良好的心情和生活方式能够有效减少脱发量。

第五，去正规皮科就诊。如果脱发严重一定别自己瞎买药，一定不要整偏方，一定要到正规的医院皮肤科，找皮肤科专业的医生，尤其是育龄期的、近期有备孕计划的女性，不要乱吃药。

问题 1：有多囊卵巢综合征且肥胖的人，要先去妇科检查多囊还是先去营养科减重?

答: 都可以的。有时候去妇科、内分泌科找医生看多囊卵巢综合征的时候也会被建议先到营养科减重，所以 2 个科都可以。实际生活中，很多人已然久经“备孕”考验，反复试过各种方法甚至快要丧失信心，抱着试试看的心情来营养科减重，结果稍微控制体重，把体脂率降低后，竟然自己能备孕成功。所以，大家可以来看营养科。

问题 2：减重达标之后，微量元素还需要补吗?

答：如果体重正常，饮食恢复为平衡膳食，各种营养元素的摄入不受限制饮食的影响，那么可以不用补充。如果能量仍需适当控制，则可以常规补充。如果60 岁以上或存在相关不适症状，则需遵医嘱补充。

问题 3：进入轻断食第 3 周以后就觉得洗头的时候头发开始掉得多，有没有什么特别需要调整的?

答：不用特别紧张，把方案中的优质蛋白摄入来源进行罗列，总结一下摄入量是否达标。不达标的话可以增量摄入蛋清或者脱脂奶。检查维生素和微量元素的摄入是否达标，不达标的话断食日可以多加一点，同时注意定期到门诊随诊。

问题 4：有的人在自己头发脱落比较多以后，会买各种各样护发养发的产品、植发或者去美容院折腾头发。这些方法推荐吗?

答：不推荐，因为营养减重掉头发是正常现象，减重完成后恢复正常饮食，脱发症状会逐渐好转。植发价格昂贵，可以选择去医院皮肤科问诊。洗发护发的事自己酌情选择，挑选一些好的洗护产品是没问题的。

16 减肥需要吃代餐吗？

什么是代餐？

吃代餐可以瘦吗？

代餐到底能不能吃，应该怎么吃？

其实对于代餐减肥这件事，多数人都存在纠结和怀疑的心理。一方面，很多人经常听朋友说吃代餐能减肥；另一方面，很多人又感觉代餐减肥不太靠谱。靠谱的减肥策略不能老是朋友说或网上买。

控制体重的策略很多，但减肥的朋友都想走捷径，因为现在生活节奏特别快，多数人并没有大量的时间能花费在减肥上，所以最好是一吃就瘦。这一心理给代餐减肥创造了巨大的市场，似乎花钱买代餐减肥，瘦得快，瘦得好。然而事实真是如此吗？

其实不然，人类生活的基本组成是衣食住行，吃饭非常的重要，从特定的角度上讲，吃饭有两个意义。第一，吃饭是一种享受，能带来一种精神上的愉悦；第二，吃饭的根本目的是摄入营养，维持人体正常的生长发育和代谢活动。日常生活中，多数人其实更在意美食享受多一些，却容易忽略营养补充。

但是在一些特殊情况下，如有的病人因为炎性肠病、肿瘤或者高龄等因素不能吃太多、太油腻的食物，这时候，吃饭的享受意义就要大打折扣。而营养补充的意义则更重要，因为即便准备了很多美味的食物，在疾病状态下也不一定能吃得进去，如腹部大手术后三两天，排骨、烧烤等不易消化的食物患者可能是吃不进去的。基于优先营养补充的目的，20 世纪 50 年代，美国国家航空航天局（National Aeronautics and Space Administration，NASA）为宇航员开发了一种要素膳食，就是将食物里的营养物质，如氨基酸、脂肪、维生素、矿物质给提取出来，像药粉一样，冲泡即食。这种要素膳食忽略了吃的享受意义，只考虑补充营养的意义。

比之普通食物，要素膳食用更少的消化空间获得更多的热量。如同样是500kcal的食物，肉、菜和主食加起来可能是1碗的分量，而要素膳食可能只要1小杯。所以，要素膳食的优点在于简单、方便、提供营养，不足之处在于味道单一，不好吃，临床上将其叫作肠内营养或特殊医学用途的配方食品，主要用于营养不良、食物摄入量较少的病人，通过这个办法来快速增加营养。

在使用要素膳食的过程中，科学家们还发现这些制剂除了给营养不足的患者补充营养外，其单一、便捷的特点也可以另作他用，比如说治疗肥胖。

从营养学方面来讲，肥胖其实也属于营养不良的一种。广义上营养不良的定义包括两部分：一部分叫营养不足；另一部分叫营养过剩，所以营养过剩也属于营养不良的范畴，比如肥胖便是如此。肥胖很多时候不仅仅是摄入能量、蛋白质、碳水化合物太多，可能也会存在营养不足、失衡的因素，这种不足主要表现为微量元素的缺乏。因此，在营养治疗的实践过程中，科学家们发出疑问，既然减重需要控制饮食，那是否可以将吃饭的享受意义减半，如放弃对食物美味的要求，只利用营养粉来代替一日三餐，从而实现限制热量摄入和减重的目的？慢慢的，各种工业化、商品化的营养餐包开始出现，并被广泛地用于减重实践中，这就是代餐的由来。

以辩证的角度分析代餐的应用，其既有好处，也有不足之处，实际对患者的好坏需要评估和权衡。例如，购买代餐相比购买普通食物需要花更多的钱，但是大量资金的投入也恰恰在一定程度上对消费者进行了约束，多数消费者为了让这笔资金充分利用，也会将代餐应用在减肥过程中，在一定程度上增加减重的依从性。再如，代餐与普通食物相比口味是十分单一的，食用代餐是无法体会到普通食物美味的，但从另一角度来说，选择代餐在一定程度上解决了部分人群的选择困难症，与其不知道每天选择吃什么，倒不如没得选只吃代餐。

但是代餐并不是适合所有人吃的，选择不合适的代餐不仅无法补充足够的营养，还可能出现未知的食用风险，很多人都在网上看到过那些惨痛的教训，而医生在门诊见到的更多，有各种各样因食用代餐而引起并发症的案例。

因此，应从专业的角度来分析究竟哪些人群可以吃代餐，应该怎么吃代餐，以及代餐的食用注意事项。

第一个研究，分量控制膳食。从学术的角度来看，代餐也有一些专业的分类和要求。中国营养学会也有一个代餐的团体标准，这一标准在临床实践和研究中一直用了很多年。

分量控制膳食是很早就被提出的一个观点，其指将食物的享受意义打个折扣，提高食物的营养补充意义，用单独包装的营养素作为主要的营养来源，如含有营养素的配方饮料、营养棒等，每份 250~350kcal，每天 1000~1500kcal，根据具体情况选择。在实际的分配中，每份单独包装的营养素可以代一次早餐、午餐或作为一次加餐。需要强调的是，分量控制膳食不适合长期的全天替代，容易导致营养素不足。这也是网上报道的有关吃代餐出现并发症的常见原因。

2000 年曾出现过一项有关代餐的随机对照研究，共 100 人参与，研究者们将参与样本随机分成两组，分别是代餐组，每天的 1~2 餐用代餐替代，对照组则采用限能量平衡膳食。两组人员的每日摄入热量都被控制在 1200~1500kcal，干预 12 周，12 周后比较体重和血脂变化，结果显示代餐组降血脂的效果更好。

这个研究用代餐干预了 12 周，这一点很重要；虽然后续正常吃饭一直观察随访到 4 年以后，但真正食用代餐的时间也只有 12 周。

虽然试验脱落率达到 25%，但其仍可以证明，在 12 周左右，每天代 1 餐或代 2 餐可能相对是安全的，哪怕试验并没有持续代餐更长的时间。

第二个研究是一个全代餐研究，即特定时间内只用代餐作为被试者每天的唯一能量来源。

本次研究的证据级别很高，是在 10 家医院进行随机对照研究，共纳入肥胖个体 278 人，随机将其分为两组：代餐组共 138 人，在 8 周内只吃 810kcal 代餐包，除了喝水不摄入其他食物，然后进行 4 周的限能量平衡膳食；对照组共 140 人，接受一些健康宣教，正常吃饭。两组干预 12 周后，予以平衡膳食干预持续 1 年，此时，比较两组减重效果的差异。

结果发现，代餐组平均减重 10.7kg，而对照组平均减重 3.1kg，代餐组的减重效果可能会更好。

结果固然可喜，但连续 8 周只吃的代餐的人员所出现的不良反应也不应忽略。代餐组中，15% 的人出现便秘，其他的并发症包括口干、恶心、头疼和神经衰弱等，这就是全代餐可能面临的问题。在正规研究过程中每个月都有随访，有专业的医生或者营养师进行评估、干预、校正和调整，正规研究尚且如此，而自行网购代餐，缺乏专业人士对患者可能的并发症进行监控和应对，将可能会有更多的危险发生。

第三个研究是美国的一个全代餐研究。

此次研究在9家医院选择个体共273人，这些研究个体平均BMI为38.8kg/m^2，被随机分为代餐组和对照组。代餐组135人，每天只吃代餐包，持续12~16周，然后饮食过渡到第26周，其后正常吃饭，每天再加一包代餐，直到第52周；对照组138人，进行限能量平衡膳食26周，能量比正常代谢所需减少500~750kcal，其后继续26周的普通饮食。干预期间，两组同时进行运动调整，包括每周150~180min的中等强度活动。最后比较两组在第26周和第52周的体重变化。

研究中，代餐的量也根据受试者的BMI来控制，对于BMI小于45kg/m^{2}的人，每天限制摄入800kcal；BMI 45~50kg/m^{2}的人，每天限制摄入960kcal；BMI 50kg/m^{2}以上的人，每天限制摄入1100~1200kcal；全代餐的时间基本上维持在12周左右。

结果发现，一方面，不论是26周或52周，代餐组减重效果较对照组来讲都更明显。另一方面，代餐组的并发症发生率也显著高于对照组，如便秘，乏力和头痛等，需要医生进行额外关注。

这个研究中的排除标准也非常详细，换言之，哪些人可能不适合吃全代餐？如存在器官功能的衰竭、肝肾功能的异常、转氨酶指标比正常上限高出2倍、肌酐异常的人；1型糖尿病或者是2型糖尿病的糖化血红蛋白在10%以上的人；存在精神问题、吃抗抑郁药、有进食障碍、抑郁、酒精或者药物依赖的人。所以，真的不是所有的人都适合吃代餐的，很多人接触代餐是通过朋友圈、同事讨论，但如果身体本身有以上的问题，那么笔者不建议吃代餐，因为很可能吃出更严重的问题。即便是没有这些基础病，普通人吃代餐也需要有一定的讲究。在这些大的研究里，基本上是每2~4周左右都会有专业的医生和营养师给受试者做监测和调整。

第四个和第五个研究都是“重量级”的减重缓解糖尿病研究。

第四个是著名的Direct研究，发表在《柳叶刀》杂志。

在英国49家社区医院，科学家选择了糖尿病6年以内的肥胖病人进行减重研究。在干预后的3~5个月内，这些肥胖病人每天只吃850kcal左右的代餐包，结果发现减重的效果非常好，糖尿病的缓解率也非常棒。第 1 年后，有 46% 的糖尿病患者病情得到缓解，不再需要服用糖尿病药物；第 2 年后，有 36% 的糖尿病患者病情得到缓解。

第五个研究是 DIADEM-I 研究，其选择糖尿病 3 年以内的肥胖病人进行减重研究。每天只给这些肥胖病人 800~820kcal 的代餐，吃 3 个月，观察减重的效果。结果发现约 60% 的糖尿病患者病情得到缓解，约 30% 的糖尿病患者血糖完全正常了。

这几个有关代餐的研究有以下共同点，下面笔者总结一下。

第一，使用代餐减重有效果。因为代餐减重也限制了总能量摄入，而且不用做太多食物的选择，增加了患者的依从性。

第二，使用代餐减重是有并发症的，包括便秘、脱发、疲劳、头疼和神经衰弱等。这些并发症可能需要专业医生或营养师来应对。

第三，不是所有人都适合选择代餐减重，如肾功能异常的人一定不可以使用代餐减肥，因为代餐有可能加重肾脏负担，肌酐一旦升高，就很难再降下来，有的时候它对身体带来的损害是不可逆的。

第四，研究中使用的代餐来源正规，已使用了很多年。

第五，使用代餐减重有一个时间限制，基本上在 12 周左右，不要太长时间。

第六，一定是要有专业医生或营养师指导，在这些研究过程中，每个月都有专业医生或者营养师做随访。

代餐减重是有效的，但并非适合所有人的。那么，如何选择代餐，如何更安全、更有效地选择代餐？基于以上临床研究，在协和营养科门诊一般会有如下的要求。

第一，代餐减重需要专业医生或营养师的风险评估、指导和随诊。

在协和营养科笔者门诊减重评估的过程中，有人第一次发现自己心脏有问题，有小朋友第一次发现自己血压高，有人第一次发现自己肾功能有问题……因为肥胖后可能会出现各种各样的并发症，很多时候大家不在意或不知道，经过医生评估才会得知这些并发症的存在。如果盲目地吃代餐，很可能为身体带来严重的伤害，为此，一定要先去评估风险。

同时，代餐应该怎么吃、摄入多少能量和蛋白质、需不需要额外的微量营养素补充，这些问题都要专业的营养师或营养医师来指导。

执行方案后也要随诊，就像做研究一样，每次随诊后医生会给患者做调整和修正，有问题及时处理，这样才能尽量减少反弹。

第二，选择正规厂家生产的、有多年口碑的代餐产品。

第三，吃代餐减重的持续时间以 12 周左右为佳，不宜过长。

问题：有的人天天熬夜不好好吃饭，但是特别喜欢买各种膳食补充剂，甚至部分人恨不得从早到晚吃十几个，这合适吗？

答：不合适。第一，膳食补充剂价格昂贵不说，更主要的是没有必要，最好还是通过食物来补充营养。第二，膳食补充剂可以评估之后决定是否服用，有的时候补得太多了反而不合适。尤其网上售卖的各种国外品牌的膳食补充剂，因国外与我国国内的标准摄入量不同，长期参考国外标准服用补充剂是不合适的，甚至可能会有对身体造成危险的可能性。第三，如果不清楚自己是否适合服用膳食补充剂，可以向医生寻求专业的咨询。

17 减肥遇到节假日怎么办?

节假日对于减肥的朋友来说似乎不太友好，美好的节日往往伴随着应接不暇的饭局，尤其对于已经减肥几个月的朋友们来说，“每逢佳节胖三斤”已经是让人十分头疼的一句戏言了。

但这是生活中的常态，减肥不可能、也没必要完全少吃或不吃，在节假日，笔者也有几个小技巧、小策略来帮助减肥的朋友应对这一常态。

第一，“文武之道，一张一弛”，没必要将自己架在减肥的刀尖上，过节的时候也不需要严格的少吃或不吃。朋友们偶尔聚个餐是正常且必要的社交活动，减肥的朋友也可以趁此机会给自己放个假。

第二，也不能过于放松，长期减肥的朋友们已经习惯了“别太饱”的饮食，大吃大喝、暴饮暴食后容易引起胃肠道不适。而酌情地、可控制地放松才更有意犹未尽之美。

第三，吃了也就吃了，千万不要感到内疚，更无须给自己徒增烦恼。吃完后等价交换，第二天试试轻断食或增加一下活动量就好。

外出就餐如何选餐厅?

餐厅里各色美食是“乱花渐欲迷人眼”，中餐、西餐、泰餐、越南餐等，也有多种多样的做法，如蒸煮、煎炸、烧烤等，这都是减肥路上的“拦路虎”。那么有没有相关调查能确认各种饮食中哪种热量最低呢?

其实在《英国医学杂志》中还真有相关的横断面调查。

这一调查的范围覆盖了 6 个国家，分别是中国、巴西、芬兰、加纳、印度和美国，在这 6 个国家一共选择了 110 家餐厅，既有全服务餐厅也有快餐厅，研究了 223 种常见的菜品，还特意在芬兰的 5 个地方，选择 10 份工作餐，通过弹式热量计测定不同菜品中所含的热量有多少。

结果调查显示，同美国人的汉堡包、印度的咖喱饭等餐品相比，我国中餐的平均热量含量还是比较低的，工作餐的热量也低于外出就餐的菜品热量。

如果减肥的朋友想找菜品热量较低的餐厅，那么中餐厅是不错的选择。

不建议喝高热量的饮料，那么是否建议饮用果汁？

饮料好喝，但是热量高，因此笔者不建议减肥的朋友喝，那么果汁能不能喝呢？

来看一个法国科学家做的前瞻性队列研究，这项研究从 2009 年起到 2017 年为止，共调查了大约 10 万人，随访 5 年多，最后得出以下结论。

含糖的饮料，如可乐等，经常喝都可能增加肿瘤的总体风险。另外，即使是看起来很健康的鲜榨果汁，经常喝也会增加这一风险。

那无糖的饮料是不是就没有问题呢？

也不尽然，部分无糖饮料中以甜味剂来替代高热量的糖进行调味，但是这些甜味剂长时间饮用能够影响到人体的肠道菌群，带来不好影响，所以无糖饮料也不建议经常喝或者喝太多。

喝饮料前可以先看一下其成分表，按照中国营养学会的标准，精制糖的摄入每天最好不要超过 50g，切记如果常喝饮料果汁，那么减肥的效果将大打折扣。

建议多喝普通的白开水，每天 2000ml 左右即可！

饮食放松是浅尝辄止，还是吃到爽？

减肥时人想通过享用饮食放松一下是正常的，人不是机器，减肥也不能全靠毅力坚持，时间长了谁都受不了。适当放松，一点点地浅尝辄止就会让当日的情绪阈值高一些。既然适当放松可以让人感到开心，那么是否有吃到爽的必要？

笔者不建议这样做！有很多朋友们平时控制饮食很辛苦，吃到爽的同时内疚感也会随之而来，甚至有的人为了平息内疚感去催吐、药物排油，其结果往往是得不偿失的。

在门诊，医生也经常建议患者特别想吃的时候不用过于压抑，因为这是人的本性。但是能做到的是浅尝辄止，适当地给自己放松，如有的患者喜欢吃零食，此时切记不要吃太多，可以选择吃最小包装单位，或者 1 袋的四分之一，剩下的跟同事、朋友们分享一下。减肥的患者在放松时尽量不要让自己吃到特别爽，有过相关经历的患者都知道，在吃的时候可能会让人感到舒服和放松，但是吃完后伴随而来的内疚和空虚，会让人很不舒服，一定要注意。

来看一个美国的研究。此次研究有 5 家医院参与，研究对象为 13~19 岁的少年，共 234 人，他们接受了减重手术减肥，并在接受手术前、手术后半年、1 年、2 年和 3 年时调查他们的饮食失控情况。

经研究发现，动不动吃到爽、饮食失控者占总数的比例高达 27.8%，手术后会好一些，但也有 15% 左右。作为减肥最狠的招，减重手术术后经常吃到爽，饮食失控的患者比率与减重手术后的体重反弹明显相关。

因此，减肥期间可以适当地放松，但是不要吃到爽，过犹不及，反而有害。

适当运动后更易选择健康饮食

偶尔吃多是很常见的现象，不必内疚，因为这是可以通过等价交换的方式运动减回来的，等价交换补偿是很不错的应对策略。而且有研究发现，运动后人更容易选择健康饮食。有一个前瞻性的研究，其从 2003 年到 2015 年观察了 15 周的运动对大学生饮食模式的影响。参与研究的有 2680 名大学生，他们被要求每周 3 天有氧运动，心率要达到最大心率的 65%~85%，持续 15 周。主要的观察指标就是大学生们对食物的选择，这项研究用饮食模式的分数来表示选择结果，看看运动后学生们对食物的选择会不会有一些不同。15 周后有 1859 人完成了评估，研究者们发现经常活动的人更容易选择健康的饮食模式。

研究发现，经常运动可以使选择牛奶和谷物的人多一些；选择酒水等的人相对少一些。而且这种选择的倾向性与运动的时间和强度是有关系的，运动越多，强度越大，可能就更偏向于选择健康饮食。

这一研究结果十分贴近人们的日常生活，努力运动的人更喜欢偏健康的饮食。节假日偶尔多吃了就稍微多动一动，既健康，又有利于下一步选择健康饮食。

节假日行为干预是否重要？

不管吃什么、怎么吃，称体重在节假日的体重干预过程中都很有用。

《英国医学杂志》曾发表过一个随机对照研究，该研究在 2016—2017 年选择了 272 个人作为试验样本，让他们采用不同的方法来度过圣诞节假期。

研究采用了随机分组的方式将样本分为两组。其中，干预组需要受到行为干预，包括测量体重、绘制曲线，同时按照体力活动的热卡当量表格针对性地锻炼，对照组只是给健康生活的宣传材料看看。

在圣诞节假期前后，试验共进行了 4~8 周，以研究样本在圣诞节期间受到的行为干预对体重的影响。

结果发现，特别简单的行为干预，包括体重测量、活动能量消耗量表等，就使得干预组体重比对照组掉得更多。

单纯的行为干预，哪怕对饮食不作严格要求也会有效果，其非常适合被用于节假日减肥。

笔者门诊的行为干预要求

第一次来协和营养科笔者门诊的患者们都会收到几个行为干预的“作业”。不用严格控制饮食，只要能执行，1 周之后他们第 2 次来门诊时表现好的就可以减 1.5kg，表现特别好的能减得更多。行为干预的效果通常与减重的时间相关，时间越长，效果越突出。

这种行为干预包括了哪些行为呢？

第一，少吃汤酱和外卖。

第二，三餐定时有加餐。

第三，先吃菜来后吃饭。

第四，每口咀嚼三十下。

第五，每天体重测一次。

第六，睡觉时间十一点。

聚餐小技巧

节假日肯定会有饭局，不参加不合适。那么，参加饭局也有几个小技巧防止吃得太多。

第一，做一个善于倾听的人，少举筷子多倾听。这样做能够一举多得，既少吃了，又多倾听，同桌的人也会觉得这个朋友特别好，特别“靠谱”。

第二，选择油少的菜，少汤，少酒。

第三，等价交换，第二天再练回来。

问题 1：一到冬天长 10kg，然后一开春又减回去了，每年都这样，好不好？

答：不好，请尽量控制体重的波动。人相对容易减重的时节一般在 5 月份以后到 10 月份天气变冷之前这段时间，而现在协和营养科门诊的医学营养减重则一年四季都能减。每年 12 月以后，很多朋友们也能够得到明显的减重效果，原因是他们使用了正确得当的方法。

问题 2：大吃一顿，将其当成欺骗餐好不好？

答：笔者并不建议正规执行营养减重方案的朋友们去这样做。减肥最重要的是节奏，暴饮暴食后再去找的所谓的狠招，不仅掉不了几斤肥肉，而且会打乱正常的减肥节奏，破坏稳中有序体重的下降趋势。

减肥患者可以在偶尔吃多了之后断食 1~2 天，同时适当加强运动量作等价交换。

问题 3：有应酬的时候能不能喝一点白酒？

答：参加饭局陪人吃饭，喝酒是难以避免的，喝一次酒后胖 1.5~2kg 都很正常。这个时候不要慌张，后续只要继续贴合减肥方案即可。

应酬时说不行可能也得喝怎么办？多倾听少举筷子，多倾听真的是会增加人缘的。然后，通过运动等价交换消耗一下即可，大家有机会的时候可以试一试。

18 花钱减肥是否有用?

前两年，有一个患者在协和营养科笔者门诊减肥，他的妈妈为了鼓励他减肥，说减 1kg 奖励 2 万元，然后第 1 个月就给了他 17 万元。

花钱减肥到底有没有用呢？来看一项研究。

组团花钱减肥

这里的组团不是加入减肥训练营，而是参加由科学家们组成的设计团队所研究的科学试验。

2013 年，有一个随机对照研究花钱雇佣了 105 个肥胖患者，测定其 BMI 在 30~40kg/m^2 之间，将其按照奖励策略分为 3 组。

对照组: 没有任何干预，没有现金奖励，只是每个月测一次体重。

个人奖励组: 尝试减重，每个月测量体重，如果完成既定的减重目标就奖励 100 美元，未完成则不予奖励。

团队奖励组: 35 人被分成 7 队，每队 5 人，尝试减重并每个月测量体重，如果完成既定的减重目标，则每队中减重达标者平分 500 美元，未达标者不予奖励。

该研究干预 24 周，继续随访 12 周到 36 周，不过随访时不进行现金奖励。

结果发现干预到 24 周时，减重奖励组的减肥效果好于对照组，而团队奖励组的减重效果也优于个人组。不奖励的最后 12 周，减重奖励组也没有反弹，但个人组和团队奖励组的减重效果没有差别。

由此看来: 第一，重赏之下必有勇夫；第二，团结一致，共同努力也能获得成功。

在团队力量的影响下，参与者之间能够互相督促、互相鼓励，这种督促与鼓励往往能够起到更积极的作用。

奖励减肥与扣钱减肥哪个效果好?

这是 2016 年一个随机对照研究，也是花钱雇佣 281 人，测定这些人平均 BMI 在 27kg/m^2 以上，研究者要求参与者每天走 7000 步，并根据奖励策略不同将其分为 4 组。

对照组：没有任何干预，也不进行现金奖励。

奖励固定值组：每天运动达标后奖励 1.4 美元。

奖励随机值组：每天运动达标后，随机奖励 1.4 美元左右。

扣钱组：每天运动不达标者罚扣 1.4 美元。

该研究共干预 13 周，结束后再随访 13 周，随访期间无奖励。

从随后的研究结果来看，干预期内扣钱组的达标率是最好的，而没有奖励的随访期，各组减重没有差别。

由此看来，扣钱的效果较奖励来说会更好。

出行方式对减肥影响大吗?

关于出行方式与减肥的关系研究在北京也进行过，其意在调查人买车后体力活动及体重与之前相比发生的变化，这一研究已被发表在《英国医学杂志》上。

该研究选择了北京 2011—2015 年摇号后 6 个月内计划买车的 180 人作为研究组，以不买车的人作为对照组，调查这两组人体力活动和体重的变化。

结果表示，相比对照组，研究组的人坐公共交通工具的次数明显减少，体力活动的时间也明显缩短。同时，研究组人员的体重也都有上升的趋势，这其中年轻群体的体重变化较小，而 50 岁以上的人买车 5 年后体重平均增加了 10kg。

由此看来，出行工具的选择对人的体力活动及体重都会产生较大的影响，有车的人更需注意体力活动及体重的变化。

花钱买药

在此强调，千万不要自行网购所谓的“减肥神药”！虽然药物减重是正规的减重策略，但有几个事项需要格外注意。

第一，药物都是有适应证的。药物减重只适用于 BMI 大于 30kg/m^2 或者 BMI 大于 27kg/m^2 并且合并代谢疾病的人，而且需要在医生指导下服用。

第二，服用减肥药后，患者应先关注自身是否出现并发症，而不是一味地关注减肥效果。在国外有关减肥药的临床研究中，有很多人会选择中途退出，就是因为减肥药会为身体带来各种并发症。

第三，减肥药不会长期有效，且停药后必然反弹。所以，即便遵医嘱服药，如果 3 个月都减不掉原始体重的 5%，那么笔者建议还是停药的好，通过药物减肥一定是要先仔细评估风险和收益。

第四，以上说的皆是正规的处方减肥药，得医生开医嘱。正规开药尚且如此，更别说自购的非正规减肥药。多数非正规减肥药为达到快速减重的效果，很可能会在药中添加对身体健康存在威胁的成分，所以服用非正规减肥药特别容易出问题，轻则恶心呕吐拉肚子，重则伤肝损肾，再严重则会危及生命。

第五，医学营养减重不比药物减肥效果差，笔者的一位患者曾在 6 个月内将体重从 144kg 减到 98kg。类似的例子太多了，所以想要减重应该优先在营养科门诊问诊。

服用减肥药物一定要遵医嘱，常见的减肥药物有以下几种。

二甲双胍，著名的糖尿病预防研究（Diabetes Prevention Program，DPP）研究发现二甲双胍有减重的效果（详见二甲双胍一章）。但二甲双胍不是肥胖或多囊卵巢综合征的一线用药，为此用药前一定要向专业医生进行咨询。

利拉鲁肽，近年来治疗糖尿病和肥胖症的新型药物，疗效异常显著，因此各大研究机构纷纷在顶级学术期刊上发表相关文献。利拉鲁肽以皮下注射为主要给药方式，1 天 1 针。打针减肥的效果好，但也可能会有不良反应，主要是恶心、呕吐、消化系统不适等。

奥利司他，常见的减肥药，以排油为主。

其他的药物或保健品一类如白芸豆等尚缺乏高质量的研究证据证明其可以用于药物减重，不建议患者盲目尝试。

药物减重一定要评估风险与获益，而且要注意使用时间。如果不联合饮食生活方式干预、没有形成良好的生活习惯，则很容易在停药后出现报复性反弹。

再次重申，服用减肥药一定要遵医嘱。

抽脂减肥

抽脂减肥有效吗？

短期效果肯定有，抽脂后脂肪体积变小，显然有效。但是，曾有研究发现抽脂后人体外形虽有明显改变，但人体的胰岛素抵抗及相关激素状况并未有任何改善，也就是说抽脂减肥仅仅是抽走部分脂肪，并不能够从根源上解决肥胖问题，且在术后身体内多余的脂肪又会慢慢地填满手术部位。

所以笔者不建议患者去做抽脂手术，治标不治本不说，抽脂肪多了对应部位的皮肤会变松，视觉效果更不美观。再者，抽脂手术动辄花费上万元，还有伤口感染、脂肪栓塞等风险，即便有非做不可的必要，也一定要去正规有资质的医院，避开无资质的美容院，“网红抽脂意外死亡”的例子要引以为戒。

手术减肥

减重手术或代谢手术是肥胖断舍离的金标准，是减肥最快的策略。

自从杨天真老师做了减重手术后，朋友们对减肥手术有了更多的了解……现今手术技术不断进步，新的减重手术已经很安全了，该手术在腹腔镜下操作，在肚子表面上打 3 ~ 4 个小孔，通过专用的手术器械完成。减重手术时间短、创伤小、恢复也快，住院时间一般在 1 周左右，快的话只需 3~5 天。体重在手术后很快就能下降。

减重手术除了众多优点以外，也有几个要点需要人们有所了解。

第一，手术 5 年或 10 年后，随着胃腔逐步扩张变大，患者也会有一些体重的反弹。所以，手术是断舍离，不是一劳永逸，健康的饮食和生活习惯还是要养成。

第二，术后很长一段时间内患者可能会存在缺乏微量营养素的问题。因为吸收这些营养素的部位变少了，如铁、维生素 D 等，所以，手术完成后患者也需要长期监测和补充微量营养素。尤其是转流手术等效果更为直观的手术的患者，如果不注意术后的微量营养素补充，则容易走向肥胖的另一个极端，出现各种与营养不良相关的问题。

减重手术减得快，安全有效，是写到指南里的标准治疗方案。但患者在术后仍不可以对自身的营养监测和良好生活习惯的养成掉以轻心。

很多朋友们都愿意为了减肥而花钱，但花钱的多少跟减肥的效果没有绝对的关系。就像前面两个研究提到的奖励减肥，只要奖励一停减肥效果也会随之消失，就像家长给孩子们奖励减肥也是一样，基本上过了3个月后，体重很容易反弹回去。

为此，在减肥中投入资金时需要制订相应的策略，如停止在非正规减肥药上的花费、慎重选择和使用代餐、避免盲目食用代餐、防止减肥药带来的并发症、不要轻易花钱抽脂等。同时，健身卡之类的辅助减肥项目也应慎重考虑，因为多数人在办理健身卡后，前去健身的次数屈指可数，与其将之视为减肥的辅助道具，不如说它是减肥的患者为自己制造的心理安慰。

问题：是不是一定要花钱买蛋白粉或代餐才减得快？

答：不是的，在持续时间近一年的减肥研究中，可以得出一项结论，各种减肥方法带来的效果差别不会特别大，只有依从性好的人才会减得更好。代餐的优势在于选择性少，容易做到，前3个月减得快，但其他的轻断食或限能量平衡膳食方案也都能达到类似的效果，这些都是正规的医学营养减重方式。

19 二甲双胍

近年来，医药领域有两个“神药”，一个是阿司匹林，另一个则是二甲双胍。这两种药应用时间久、作用特别广泛，适应证以外还能抗肿瘤，也能长寿。

二甲双胍是糖尿病的常见用药，2020 年的糖尿病指南里也再次重申二甲双胍在糖尿病治疗一线用药中的地位。

只要没有禁忌证，糖尿病治疗首选二甲双胍，因其普通、常见、临床上使用了太多年，很多针对糖尿病的研究都避不开它，因此在很多研究中都发现二甲双胍除治疗糖尿病以外竟然还有其他神奇的作用，可以减肥、可以治疗多囊卵巢综合征、可以治疗肿瘤，但是这些作用都还没有 FDA 的获批，其获批的适应证主要还是糖尿病。

二甲双胍

二甲双胍是降血糖治疗药物中的首选。

刚“戴上糖尿病的帽子”且没有特定禁忌证的患者，如肾脏功能未见明显异常的患者，很可能会和二甲双胍“打交道”。

从机制上讲，二甲双胍是胰岛素增敏剂，能增强胰岛素对糖异生的抑制、减少胰高血糖素刺激的糖异生，并增加肌肉和脂肪细胞对葡萄糖的摄取。

优势

作为一种常见药物，二甲双胍能作为糖尿病的一线治疗药物自有其优势所在。

二甲双胍可以有效控制血糖，且不增加体重，不像胰岛素或其他一些降糖药那样长期使用后有增加患者体重的可能。

二甲双胍很安全，不会引起低血糖风险。为什么要怕低血糖？因为血糖稍微高一点是可以控制的，并不可怕，但低血糖不同，严重低血糖会有致命的危险。因此吃二甲双胍的患者不用特别担心低血糖。

另外，大多数人能普遍耐受二甲双胍，其被长期服用的安全性良好。且二甲双胍价格便宜，对于多数患者来说是非常价廉物美的药。

禁忌

二甲双胍疗效好，但也并非所有患者都可以随意使用。

二甲双胍最常见的禁忌证是对肾脏功能的损害，因为二甲双胍是通过肾脏代谢的，如果出现了肾功能的受损，比如肾小球滤过率小于 30ml/min，则患者将不能服用二甲双胍。

如果有用二甲双胍时出现乳酸酸中毒的既往史，那么它也一定是禁忌的。

二甲双胍还有一些禁忌的情况，如活动性的肝病、长期的酗酒、不稳定的心衰、严重的感染性休克等。

药不能乱吃，有禁忌不知而用则其将会对生命造成威胁。

常见用法

二甲双胍有多种剂型，临床中有 500mg/ 片的，也有 850mg/ 片的，每天 2~3 次，目标剂量可以给到 1500~2000mg。具体的使用方式需要遵从医嘱。

副作用

二甲双胍切忌不可以自己乱吃，尤其对于未在医生的专业指导下跟风购买服用二甲双胍的患者而言。虽然它很便宜，但是并不可以随便服用。

二甲双胍最常见的副作用主要是导致胃肠道不舒服，比如腹泻、恶心、呕吐等症状，这种副作用往往是轻度的、暂时的，减量或停药后基本都是可以逆转的。

长期吃二甲双胍可能会导致体内维生素 B_{12} 缺乏。吃二甲双胍 5 年以上的患者，有 30% 的人可能会出现此问题，要引起注意。

二甲双胍最严重的副作用是乳酸酸中毒。如果女性有增加乳酸酸中毒风险的其他疾病，如肾功能不全、充血性心力衰竭或脓毒症，则不建议使用二甲双胍。

监测

患者在服用二甲双胍的过程中每 3 个月或半年应查一次糖化血红蛋白；每年最少查一次血肌酐，这些检查一般被包含在抽血检查最常见的肝肾功能里；每年应查一次维生素 B_{12} 的水平，倘若低于正常值后可能要针对性地做一点补充，尤其是吃二甲双胍 5 年以上的患者，应对此加以注意。

二甲双胍减肥用

二甲双胍对减肥有效这一说，流传已久矣。

其对减肥有用这个说法主要来自于两个比较大的研究，其一是英国前瞻性糖尿病研究（United Kingdom Prospective Diabetes Study，UKPDS），另外一个是著名的糖尿病预防研究。

UKPDS 研究是在英国的随机对照试验，该研究纳入了 3800 多名 2 型糖尿病患者，比较了使用胰岛素、磺脲类药物和二甲双胍等在降糖过程中的疗效。同时，在研究的过程中研究者们发现对于糖尿病合并肥胖的人群而言，在研究干预的 5 年以内，二甲双胍组减重的效果是最好的。

不过，研究者们还发现进入到研究第 6 年后二甲双胍的减重效果将逐渐减弱。

DPP 研究也是随机对照临床研究，其纳入了 3000 多名有糖尿病风险的成年人，将之随机分 3 组：第一组为二甲双胍组，每次口服 850mg，2 次 /d，总量 1700mg/d；第二组为饮食加生活方式干预组，饮食干预，每周需要大约 150min 中等强度的活动；第三组为空白对照组。

干预到 2 年后，二甲双胍组的体重和腰围与对照组相比明显下降，可见二甲双胍有帮助控制体重的作用。不过，二甲双胍组的减重效果远不如强化饮食和生活方式干预组。

随访到第 10 年，DPP 研究的结果被发表在 2009 年的《柳叶刀》杂志上，研究得出饮食加生活方式干预组减重效果是最好的，尤其在前 5 年，效果远远好于服用二甲双胍的样本。

随访到 15 年的结果被发表在 2015 年的《柳叶刀·糖尿病与内分泌》子刊上，比较二甲双胍和饮食生活方式干预对糖尿病发生率的影响。不论是二甲双胍组还是生活方式干预组，与空白对照组相比糖尿病发生率都是较低的，其中二甲双胍组降低 18%，生活方式干预组降低 27%，但二者之间并无统计学差异。

试验证明，二甲双胍预防糖尿病的效果并不比单纯饮食生活方式干预更好，且存在许多不良反应。

在长期随访中研究者们观察到二甲双胍主要的不良反应是恶心呕吐，腹泻腹胀等胃肠道症状，而且二甲双胍组中体重减得好的也是依从性很好的人。因此，将二甲双胍用于减重存在以下几个结论。

第一，服用二甲双胍有减肥效果，尤其是服用之初的几年。

第二，胃肠道不良反应比较多。

第三，长期服用二甲双胍得到的减肥效果是有限的，且持续伴随胃肠道不良反应。如果不是以治疗糖尿病为目的，坚持长期服用二甲双胍较为困难，因为大多数人对于长期服用二甲双胍带来的不良反应耐受性较低，这也是药物减肥遇到的常见问题。当然，二甲双胍是比较安全的药物，为了控制血糖，吃十几年都没有大问题，但如果为了控制减肥，长期吃太难。

第四，同单纯的饮食和生活方式干预相比，不论是体重管理还是预防糖尿病发生，二甲双胍都没有太明显的优势，且减肥效果稍显逊色。

第五,二甲双胍目前不宜作为减重的一线治疗用药。

二甲双胍治疗多囊卵巢综合征

经常有多囊卵巢综合征（以下简称多囊）患者在妇产科就诊后，治疗药方中就添加了二甲双胍。久而久之，这给患者带来一种“错觉”，多囊治疗得加二甲双胍。

其实，二甲双胍并不是治疗月经稀发的一线药物，患者在服用二甲双胍的同时，还需要吃着其他的药物。

一方面，二甲双胍对于有胰岛素抵抗的多囊女性而言更可取，但对于患有多毛症、无排卵性不孕以及需要预防妊娠并发症的患者可能无效。

大约 50%~70% 多囊患者都存在胰岛素抵抗的问题，这时候，作为胰岛素增敏剂的二甲双胍恰好可以改善相关症状，尤其对于合并肥胖的多囊患者而言。例如说，二甲双胍可以恢复排卵性月经。2000 年发表的一个小样本研究发现，在实验中，二甲双胍组的人经过每天 3 次，每次 500mg 的口服二甲双胍干预后，与对照组相比，其明显恢复了排卵性月经。这也是妇产科大夫给多囊患者们处方二甲双胍的主要原因。

另一方面，经其他的对照试验和系统综述后可以发现，体外受精患者在给予口服二甲双胍干预后并没有增加妊娠率和活产率。所以，二甲双胍不能预防流产，也不能预防妊娠期糖尿病。美国生殖医学学会（american society for reproductive medicine, ASRM）也并未将二甲双胍作为相关治疗的首选药物。因此，二甲双胍用于多囊卵巢综合征存在以下几个结论。

第一，二甲双胍不是用于治疗月经稀发和子宫内膜保护的首选药物，对于有口服避孕药禁忌或联合周期性孕激素治疗无效的患者，可以考虑将之作为第二选择。

第二，二甲双胍用于肥胖合并多囊卵巢综合征的女性患者，可以作为辅助药物，具体应遵医嘱。

第三，对于无多囊卵巢综合征的肥胖女性患者，不推荐服用二甲双胍。

第四，不应在妊娠期使用二甲双胍来预防妊娠糖尿病。

第五，不应在多囊卵巢综合征女性患者中常规使用二甲双胍来预防流产。

二甲双胍预防和治疗肿瘤

最近几年多见文献报道二甲双胍的抗癌作用。

作为糖尿病的基础用药，在糖尿病相关的大样本试验及长时间随访的研究中，二甲双胍位居其中，统计分析后，常常能发现以二甲双胍分类，服用二甲双胍的样本肿瘤发生率低于不服用的样本。

不仅仅是几篇文献，多项动辄数万例样本量的研究均有类似结论：二甲双胍与低肿瘤风险明显有关。机制可能多样，如激活肿瘤抑制因子，可能有助于抑制肿瘤细胞生长。

那么前瞻性的随机对照试验能否得出类似结论呢？目前尚无定论，因为二甲双胍不是常规的抗肿瘤用药。

如果患者系糖尿病合并肿瘤，那么即便使用二甲双胍也是将之用于血糖管理，而非完全用于抗肿瘤本身。如果患者仅有肿瘤，那么是否使用二甲双胍应经过专业医生权衡利弊再决策，遵医嘱第一。

总之，二甲双胍便宜、安全、效果好，但糖尿病是它唯一获批的适应证。二甲双胍对减肥有效果，但是不宜作为一线的治疗用药；二甲双胍对多囊有效果，但只适用于肥胖多囊或存在胰岛素抵抗的患者；二甲双胍针对肿瘤的应用多是研究性质。归根结底，患者不要自己乱吃处方药，应遵医嘱第一。

20 儿童如何减肥？

有些家长可能会在无意间发现孩子的脖子上面总是有一层黑乎乎的污垢，如同天鹅绒一般，怎么洗也洗不干净。这脖子后面如黑色“天鹅绒”般的怪东西究竟是什么？

其实这种现象并非是污垢，而是黑棘皮病，多数情况下都是肥胖惹的祸，少数情况下可见于家族性黑棘皮病、肿瘤和药物反应等。

黑棘皮病是由于身体过于肥胖，身体内胰岛素水平增高，通过直接或间接途径激活胰岛素样生长因子 -1 受体，促进了角化细胞和成纤维细胞生长，导致皮肤过度角化并伴有局部肤色加深，从而出现黑棘皮病的特征性标志。这种标志在颈部最为常见，其次为腋下，还能累及腹股沟、腘窝等。

青少年期正是脂肪组织大量储存的时期，因此属于黑棘皮病多发期。

可能由于研究样本量、人群范围等不同，文献报道黑棘皮病的发生率为7%~74%，看似有些遥远，其实就在人们身边。

有学者统计了 2012—2013 年北京市西城区、海淀区、密云区 17 所中小学共 1809 例肥胖儿童的情况，发现有 21.9% 的肥胖儿童存在黑棘皮病。

虽然大多数情况下随着体重减轻，黑棘皮病可以改善甚至消失，但其却会给孩子们造成了不小的压力，不仅仅是皮肤不好看的问题，这 1809 例肥胖儿童中，有 2/3 存在血糖问题，1/3 存在高血压，43.3% 的样本血脂异常，16% 的有脂肪肝且 11.6% 的有肝功能异常。高血压、高血脂和脂肪肝等代谢疾病出现在青少年身上并不是好现象。

青春期是孩子生长发育的好时机，以身高变化最为显著，个头儿要是没窜上来，家长们多半会焦虑，同时呢，家长们又往往容易忽视孩子生长发育的另一个重要内容：体重。

和成人肥胖不同，青少年正是身体和心理一起成长的美好年代，某种意义上来说青少年很脆弱，是需要人们共同呵护的。“三高”等并发症危害的不仅是他们的躯体，还会为他们制造大片心理阴影，后者尤其危险。

如多囊卵巢综合征，女孩子青春期刚过就出现月经不规律的状况，还出现异常的多毛症，长出胡子、脸上出现久治不愈的痤疮。

如睡眠呼吸暂停综合征，青少年睡觉打呼噜，甚至出现睡眠呼吸困难或明显的呼吸暂停，大脑缺氧、白天嗜睡、注意力不集中、学习困难。

如维生素 D 缺乏，影响身高发育。

对于世界观和人生观尚未健全的青少年来说，这种由生理转为心理上的伤害很可怕，会影响青少年的自信心，导致其社会适应能力差。有 75% 青少年的青春期肥胖会一直持续到成年，使其延续不合理的生活方式并易患上各种代谢疾病。

还有一些研究发现，儿童期超重的女性在成年期因乳腺癌死亡的风险和全因死亡风险均有所增加。

儿童为什么会肥胖？

单纯性肥胖，即由遗传、饮食和生活方式等引起的肥胖约占儿童肥胖总数的 98% 以上。

第一，儿童往往喜欢吃含糖饮料、快餐、外卖和零食，额外摄入热量太高。另外，不要以为水果没有关系，吃水果也要适量的。

第二，使用电脑、手机和平板时间过长，活动太少。一个男孩每天看 1h 电视会降低 200kcal 热能消耗。

第三，饮食习惯，现在孩子们普遍吃得太快，盛放食物的盘子和碗太大，容易暴饮暴食。

第四，睡眠不足，引起青少年胰岛素敏感性降低，容易导致体重增加。

第五，家庭影响和榜样力量，包括饮食生活习惯（如少粗粮、少活动等）。所谓言传身教，父母对孩子的影响很重要，不能总是自我放纵而要求孩子健康饮食，这会让孩子感到困惑，进而影响亲子关系。

药物引起的肥胖也是很常见的，如服用激素、抗癫痫、精神类药物等。

另外还有继发于疾病的肥胖，如甲状腺功能减退、库欣综合征等。

较少见的是基因缺乏引起的疾病带来的肥胖，多为罕见病，如 Prader-willi 综合征（肌张力低下 - 智能障碍 - 性腺发育滞后 - 肥胖综合征）等。

如何判断青春期肥胖?

体质指数（body mass index，BMI) 这一概念大家可能并不陌生，即体重 (kg) 除以身高 (m) 的平方。BMI 是公认的判断 2~20 岁人群肥胖和超重的标准。“肥胖”被定义为 BMI 大于或等于同年龄同性别组的 95%；而超重则是 BMI 处于同年龄同性别组的 85% ~ 95%。如果 BMI 大于等于同年龄同性别组的 95% 位的 120%，则叫做重度肥胖。

如何进行体重管理呢?

对于青春期肥胖的患者而言，医生并不推荐去**医院以外**的“减肥中心”去减肥，媒体不乏有关青少年不科学减重出现严重并发症甚至死亡例子的报道。

笔者建议去医院专业科室，如临床营养科、内分泌科等，先进行评估与计划，主要是合理规划营养摄入、适度活动、避免不良生活习惯。

和成年人不同，青春期肥胖体重管理的关键在于不能忽略青少年生长发育的营养需求，要避免短期内体重迅速下降或体重降得太低，以免过犹不及，出现严重的临床后果。因不科学减肥导致身高停止生长或出现心理问题的例子并不少见，青少年如果因为体重管理不当引起神经性厌食，那么后果将十分严重，说是影响其一生也不为过。

青春期的体重问题应该引起大多数人的关注，提倡青少年合理均衡饮食、适度活动、避免养成不良习惯等。进行体重管理还是建议到医院的专业科室进行，做好评估与监测。

青少年减肥有没有捷径?

门诊经常会有焦急的家长们问，有没有什么办法能快速减肥、一步到位，他们不怕花钱，只想要捷径。

减肥没有捷径，网上说的减肥中心和训练营也都不是减肥捷径，儿童和青少年想减肥没问题，但不要去那些地方，因为那样会增加减肥的风险，每年都能够看到减肥训练营里发生猝死的新闻报道。部分家长们认为寒暑假送孩子去减肥训练营 1 个月的时间就能看到孩子身形的明显变化，但却忽略了孩子们 2~3 个月之后会复胖的问题，而且孩子们减肥反弹比成人还可怕，除身体上的变化，也会让他们丧失信心，引发更大的心理问题。

减肥药物副作用大，得慎重使用！

《新英格兰医学杂志》在 2019 年发表了一个研究。该研究纳入了 134 名被诊断为 2 型糖尿病且肥胖的 14 岁左右少年，将其随机分为两组。

一组为干预组，采用口服二甲双胍联合利拉鲁肽（剂量高达 1.8 mg/d）的药物治疗；另一组为对照组，采用口服二甲双胍联合空白对照。

干预 26 周，比较 26 周后的糖化血红蛋白和空腹血糖水平变化。从结果中可发现，干预组糖化血红蛋白降幅优于对照组，空腹血糖水平也优于对照组，减重效果很好。

然而最大的问题在哪里？胃肠道反应同样比较重！

使用药物控制体重要考虑获益和风险，主要的问题是要考虑相关的不良反应。治疗青少年肥胖时选择药物要慎重，目前国内尚未批准专用于青少年肥胖的药物。

胃内球囊减肥法无损伤？ FDA 未批准将其用于青少年！

胃内球囊减肥法是指在胃里放置一个球囊，通过增加饱胀感的方式达到减肥效果的方法，美国 FDA 已经批准将其用于成人减肥。胃内球囊法没有手术创伤，减肥效果好，那么将其用于青少年好不好？

关于这点，已经有一些小样本研究开始探索。在一项小的队列研究中，给 12 例肥胖的青少年胃里放置了球囊，在 6 个月后，多数青少年都能减重 5%，减重后血糖情况也能够得到改善，但随访 2 年后研究者们却发现减重和代谢获益并未维持下来，由此可见球囊用于青少年的安全性和有效性还有待于进一步的验证，美国 FDA 也尚未批准青少年使用这一减肥技术。

另外，关于胃内球囊减肥法，2021 年国内开始有专家学者对其进行探索性验证，笔者十分期待后续的研究进展。

减重手术？严格把握适应证。

减重手术是减肥治疗最快的策略，而且青少年也可以通过减重手术进行减肥。国外青少年减重手术做得很多，国内这几年也开始有一些报道。

但青少年的减重手术一定要严格把握适应证。例如，BMI 在 40kg/m^2 以上或者 35kg/m^2 以上、有明显影响健康的严重合并证，如，中至重度阻塞性睡眠呼吸暂停、2 型糖尿病、重度和进行性脂肪性肝炎等。

患多囊卵巢综合征后怎样减肥？

多囊卵巢综合征（以下简称“多囊”）的话题看似轻松，但实际上是非常沉重的，尤其是在多囊患者往往面临备孕的压力，甚至多次试管不成功的情况下，会影响生活，甚至闹到离婚。

很多女性婚育晚、节奏快、吃外卖、压力大、刷手机、睡得晚，因此，多囊在现代职业女性中并不少见。

多囊会有一些典型的特征，如排卵功能障碍、多囊卵巢、雄激素过多、有小胡子、痤疮等。

在多囊的诸多特征中，胰岛素抵抗很关键。50%~70% 的多囊患者都会有胰岛素敏感性降低和胰岛素抵抗。

来看一个 2008 年发表的研究，该研究纳入了 675 名患者作为样本，观察 BMI 和多囊的关系。

研究发现 BMI 越大、越胖的人多囊发生率越高。平均 BMI 在 $31kg/m^2$ 的人多囊的发生率是 51%；BMI 在 $37kg/m^2$ 左右时多囊的发生率能够达到 74%。体重越大的人，多囊的发生率越高，这跟临床实践中观察到的规律是一致的。

肥胖后容易多囊，多囊后也容易肥胖。

肥胖后，身体里的游离脂肪酸增加，通俗地说就是“肥肉”增加，和多囊一样，肥胖会让脂肪分泌因子下降，引起胰岛素抵抗并造成胰岛素敏感性下降，其还将进一步作用于子宫内膜，让胰岛素受体的表达下降，出现蜕膜化、着床率下降，导致备孕成功率下降……在这个过程中，不论始动因素是多囊还是肥胖，二者都将互为因果、互相促进，进而影响健康。

如果患者有中心性肥胖，也就是腰围大，那么胰岛素抵抗的表现会更为明显，多囊的发生率会更高。这种看着不胖其实肉都长在肚子上、腰围大的现象在亚洲女性中特别常见，其会增加冠心病、糖尿病和肿瘤等各种疾病的风险。

多囊合并肥胖的患者除了药物治疗还有没有其他方法?

抽脂

腰围大不好，那么可以通过抽脂减小腰围吗?

不可以，《新英格兰医学杂志》在 2004 年发表了一个关于抽脂的研究。

该研究组织了 15 名患者接受抽脂治疗，比较他们在抽脂前和抽脂后 12 周的代谢变化。结果发现，抽脂后的患者在外观上好看了，脂肪量也少了，但是这些人的代谢情况，尤其最为关键的胰岛素敏感性，以及其他的血压、脂联素、C- 反应蛋白等却没有发生明显的变化。

这一研究结果意味着抽脂并不能从根本上改善多囊患者的胰岛素抵抗特性，针对肥胖、多囊或月经不规律等情况，抽脂的意义并不大。而且在实际观察中，抽脂带来的减重效果很快就会消失，体重会发生反弹，其余部位的脂肪将很快填充到被抽脂的部位，而且有可能出现感染、脂肪栓塞等风险。

所以，抽脂可能解决不了这个问题。

减重

抽脂不能改善胰岛素抵抗，但医学营养减重是可以的。

2003 年发表的一个研究表明，医学营养减重 16 周后，被试者的胰岛素抵抗得到了显著的改善。

同时，在另一项相关研究中，科学家专门把存在胰岛素抵抗的患者纳入研究以进行分析，样本共 43 人，被随机分成三组: 第一组，正常饮食组；第二组，限能量平衡膳食组，只摄入日常能量需求的 75%；第三组，轻断食组，即隔天进食减少，摄入能量需求的 25%。进行 6 个月的干预，其后再均衡饮食随访 6 个月，比较 12 个月后样本在血糖、胰岛素和减重效果等方面的变化。

结果发现，无论 6 个月还是 12 个月，限制能量的后两组比正常吃饭对照组的样本体重明显减轻。虽然限能量平衡膳食组和轻断食组减重效果类似，但后者对血糖和胰岛素抵抗等方面的改善效果更好。所以，医学营养减重不但能减肥，更重要的是可以改善代谢。

减重后，患者的体重和腰围下降，那么有没有其他指标可以被用于多囊患者评估自己的减重治疗效果呢？

有的，月经周期是最直观的指标，很多多囊患者稍微一减重，好久不规律的月经周期就再次稳定了起来。

此外，在笔者的实践经验中，体脂率也是个很好的指标。很多多囊患者的体脂率在 40% 以上甚至更高，减重后如果能尽量把体脂率接近 30% 乃至正常，那么减重效果会更好。机体的自我调节能力很强大，有部分在备孕的患者只要体脂率稍有降低，然后就自然怀孕了。

因此，减重对于多囊卵巢综合征患者来说是一种重要的治疗！

运动

运动可以改善排卵状况和胰岛素敏感性，这是非常明确的。2011 年的一项系统回顾研究，纳入了 5 个随机对照研究和 3 个队列研究，均发现运动可以改善多囊患者的胰岛素抵抗。

但需要注意的是，在运动时患者要选择合适的、自己能执行的活动，有氧、抗阻运动都可以，同时要注意避免运动损伤。

二甲双胍

二甲双胍是常用的胰岛素增敏剂，一些多囊患者在妇科就诊后，就在医生嘱托下针对性地吃上了二甲双胍。

二甲双胍有没有效果？答案是肯定的（详见二甲双胍一章），DDP 研究是二甲双胍疗效的经典研究，1073 个患者吃二甲双胍，1082 个患者作为空白对照，研究者们发现，2 年后二甲双胍组的患者体重和腰围明显下降。

疗效好不好跟依从性明显相关，DDP 研究随访到 10 年后发现，效果更好的患者一定是依从性更好的。

消化道不良反应，如腹泻等，是服用二甲双胍后的常见不良反应。多囊患者一定要看完妇科或内分泌科后遵医嘱选择是否服用二甲双胍。

问题 1：肥胖和月经有什么关系？

答：肥胖后月经会出现变化。在生活中，经常有人会因为多囊卵巢综合征或不孕而辗转多家医院，看了妇产科、中医科等，做无数个检查，最后得出结论：先去减肥。肥胖引起的月经失调在临床上会有各种各样的表现：可以表现为月经过少，这在肚子胖腰围大的人身上更常见；也会表现为月经过多，文献报道的发生率为 3%~28%；或者是月经周期不规律，发生率在 8%~15% 之间；还有一种表现是闭经，会有两种情况，一种可能是肥胖后继发性闭经，而另外一种则是过度减肥后引起的继发性闭经。以上症状都是医生最不希望见到，但工作中又时常见到的。

问题 2：减肥后月经量变少了，很焦虑，还能恢复吗？

答：第一，通过一些不太健康的方法去控制体重会导致月经量变少。如饭后催吐、过度节食、乱吃减肥药等，这些减肥方式容易导致体重过低或下降过快，可能会伴随继发性闭经，甚至引起神经性厌食，所以要尽量避免采用这些危险的减肥方式。第二，如果是在医学营养减重过程中因身体脂肪比例发生变化而导致月经量过少，则身体会有一个适应性的调节过程，可能会有一点月经周期的变化，无须紧张，定期随诊即可。

问题 3：因多囊卵巢综合征导致月经有问题，会去看好多科，在营养科调体重、在妇科或妇科内分泌调激素、在中医科调周期……同时接受几个科不同的治疗，会不会冲突？

答：不会。遵医嘱即可，减重是自我状态调整的过程，与相关科室用药不冲突，定期随诊即可。

问题 4：多囊卵巢综合征的患者减肥多久开始备孕比较好？

答：这个时间比并不是绝对的，可以参考以下条件，如体脂率在 35% 以下，接近 30%，身体状态可能会更好。同时，心情放松、好好睡眠，注意补充叶酸等维生素。

问题 5：进入备孕过程前，减肥方案有什么要调整的吗？

答：如果减肥后身体条件改善，计划近期备孕，那么营养减重方案可以稍微调整，能量不用过于控制，平衡膳食即可。注意叶酸等维生素的补充，其余的内容没有特殊变化。

问题 6：进入备孕过程后，体重反弹怎么办？

答：在医学营养减重成功后准备进入备孕的过程中，不用太担心体重反弹，执行营养方案就好。营养科是全套服务：备孕前，医生会帮助患者减重，调状态调周期；顺利怀孕后，医生就会帮助患者调孕期体重的增长，调血糖；产后先是调哺乳；然后再帮助患者瘦身，调体重，全程有医生的监测帮助，只要遵医嘱就不太会反弹。

问题7：网上说休产假这段时间是减肥的黄金时期，这种说法对吗？

答：在协和营养科门诊，医生不会建议患者在产假期间减肥，因为稍微一控制能量摄入，最直接的表现就是马上就没有母乳了。哺乳期不建议减肥，会影响母乳，进而可能影响宝宝发育。

想通过减肥治疗糖尿病，需要先怎么办？

前两天有一位朋友特意来门诊见笔者。她高兴地说：“我就要来看看你，给你看看我的化验单，同 2 年前相比，胰岛素和血糖水平在减肥后都正常了，觉得特别欣慰，有点不敢相信。”

糖尿病在人们生活中并不少见，除了大家耳熟能详的胰岛素等药物治疗之外，控制体重也能起到缓解糖尿病病情，让血糖重新恢复正常的效果，这是真的吗？

是真的，通过强化饮食、生活方式减重或手术减重可以治疗糖尿病，这一方式已经被写到了国内外糖尿病治疗的指南中，减肥的确可以缓解和治疗糖尿病。

糖尿病的发病增长趋势

在世界范围之内，伴随着体重增加，无论高血压、脂肪肝、高血脂，还是糖尿病，其发病率都在同步增加。我国面向全国范围内的糖尿病流行病调查做过很多次，1980 年调查了 30 多万人，按照 WHO 的糖尿病诊断标准，调查的发生率是 0.67%，大约 100 个人里有一个人可能有糖尿病。随着生活水平提高，2013 年调查了 17 万人，发现糖尿病的发生率是 10.4%，在肥胖的人群里这个数字可能要加倍，糖尿病的发展形势不容乐观。糖尿病本身是一个方面，另一个方面还有很多人肥胖后出现了血糖异常，但尚未被诊断为糖尿病，是糖尿病前期人群。

在国内学者发表的一个研究中，研究者调查了 2015—2017 年我国约 75 880 个成年人中糖尿病发病率和前期的发病率。糖尿病的诊断标准采用的是美国糖尿病学会（the American Diabetes Association，ADA）标准，发现糖尿病的发病率是 12.8%，而糖尿病前期的发病率是 35% 左右。

糖尿病发病率还与年龄有关系，人们在研究中发现，50 岁以上人群中随着年龄增加，糖尿病发病率也在同步增加。同女性相比，各年龄段的男性糖尿病发病率略高。全国的多个省市中也都做了调查，广州的糖尿病发病率稍低，在 6% 左右，内蒙古的糖尿病发病率较高，这很可能与不同地域、饮食习惯和油盐摄入有关。

血糖出现异常后，患者的生活质量会被严重影响，可能需要通过吃药或打针来干预血糖，可能会有各种各样的糖尿病并发症，如眼睛出现问题，也有人长期控制不好血糖，导致肾功能出现了损伤，甚至有人因为糖尿病足而截肢。

来门诊减肥的患者中确实有不少人存在血糖异常的情况。那么怎么治疗糖尿病呢？药物以外，减重也是有疗效的。

肥胖合并糖尿病患者该怎样减肥？

手术减重

通过减肥手术和代谢手术治疗糖尿病是最早被写到国内外糖尿病治疗指南里的。通过减肥手术来治疗肥胖症和糖尿病在国内已做了很多年，目前常见的减肥手术有腹腔镜袖状胃切除术和腹腔镜胃转流术，这两者尤其适用于糖尿病合并高 BMI 人群。

减肥手术很常见也很安全，但提到手术就会有很多朋友产生顾虑，也就是近年来某些明星做了减肥手术后才逐步让减肥手术被更多人所熟知并逐步让人接受。

对于 BMI 大于 $35kg/m^2$ 且存在并发症危险因素或者大于 $40kg/m^2$ 的人群来说，单纯的“管住嘴迈开腿”很难实现有效减重，尤其在合并糖尿病的情况下，减重手术是见效最快、效果最好的策略。如今，手术减重已然是糖尿病合并肥胖的一个主要治疗策略。

营养减重

糖尿病的患者要吃糖尿病餐，标准如少油盐，有粗粮等，这些很多人都不陌生，可也不会过于重视。从以往的经验来看，营养干预在糖尿病的治疗中更多是起到“锦上添花”的作用，直到这几年的几个高质量研究出现，人们才发现强化饮食和干预生活方式的营养减重不但是糖尿病的常规治疗，而且对于早期的糖尿病和糖尿病前期竟然完全可以起到缓解或治疗的作用。

减肥治疗糖尿病越来越被学术界所认可，在糖尿病指南中占有一席之地。

最有名的是 DiRECT 研究。该研究发生在 2014—2017 年，研究者们在英国的 49 家医院共纳入了 306 名诊断为糖尿病（糖尿病病史在 6 年以内）的肥胖患者，其 BMI 在 27~45kg/m^2 之间。将这些患者们随机划分成两组：干预组 157 人，把药物都停掉，通过严格控制热量摄入的方式减肥，能量给的很低，每天只有 850kcal 左右的代餐包，吃 3~5 个月，其后，限能量平衡膳食 2 个月，定期随访 12 个月；对照组 149 人，只是进行健康饮食的宣教，定期随访 12 个月。最后比较两组中减重 15kg 的患者在总数中的占比和糖尿病的缓解率（糖化血红蛋白小于 6.5%）。

12 个月后，干预组有 24% 的人减重 15kg 以上，而糖尿病缓解率可达 46%，接近一半的人数。对照组由于只给单纯的健康饮食教育，没有人能减重 15kg，也只有 4% 的人糖尿病得到缓解。

这个结果发表在医学界非常有影响力的《柳叶刀》杂志上。这一结果让专业从事医学营养减重的笔者和同事感到振奋。

为什么振奋呢？因为类似的工作笔者和同事们也在做，并且在临床中确实已经发现患者中有血糖改善的现象，即糖尿病缓解的例子。与此研究不同的是，笔者没有把干预的能量控制到 800~900kcal，没想到文献报道可以有如此高的缓解率，实在是振奋人心。

DiRECT 研究随访到第 2 年的结果也被发表在《柳叶刀 · 糖尿病与内分泌》子刊上，到了第 24 个月，干预组仍有 11% 的人减重 15kg 以上，糖尿病的缓解率仍在 36%，而且并没有严重的并发症被发现。

因此可以得出结论，36% 糖尿病缓解与减重是明确相关的。

无独有偶，美国也做了一个类似的研究，即 DIADEM-I 研究。这个研究很有意思，是美国学者和卡塔尔学者一起在卡塔尔做的，在 2017 年 7 月—2018 年 9 月，在卡塔尔的多个社区医院和初级医疗机构选择了有 3 年以内糖尿病病史的患者，BMI 在 27kg/m^2 以上，年龄在 18~50 岁的中东北非成年人 158 人。

也是随机 1 : 1 分组，干预组 79 人，不吃药，连续 3 月每天吃 800~820kcal 的代餐，然后是结构化膳食 3 个月，其后 6 个月的限能量平衡膳食；对照组 79 人以糖尿病健康饮食宣教为主，可以药物干预血糖。12 个月后，比较减重效果和糖尿病缓解率。

结果发现，干预组平均减重约 12kg，减重 15% 以上者占 21%，糖尿病缓解率甚至能够达到 61%。

DIADEM-I 研究所得的 61% 的糖尿病缓解率比 DiRECT 研究更为喜人，造成这一结果的原因可能与研究的人群有关系，3 年以内的糖尿病患者在经过积极干预后得到缓解的效果可能比 6 年的糖尿病患者更好。

研究中干预组有 33% 的人血糖完全正常，对照组则只有 4%；对照组的并发症例数反而更多，两组的并发症发生率没有统计学差异。

因此，强化饮食和生活方式减重 12 月可以有效缓解糖尿病，改善血糖。

正是基于这 2 个影响力特别大的研究，人们能够得知减肥治疗糖尿病并非一句空话。这也是为什么笔者经常在门诊与患者说如果是刚刚诊断糖尿病也不用紧张，先试着减 15kg 左右的体重，很有可能改善血糖状况。

减肥缓解糖尿病的可能机制

DiRECT 研究团队发表的另一篇文章聊了聊减肥缓解糖尿病的可能机制，肥胖发生后，身体里的脂肪细胞逐步堆积，这会让胰腺内部的脂肪增多，影响到胰腺的 β 细胞，出现血糖的问题。缓解的机制基本上就是把这个过程反过来，让脂肪的量，也就是细胞脂肪的量减少。相应地，当胰腺本身的脂肪降低，则可能会改善 β 细胞的功能，进而出现血糖状况的缓解。

这个过程的可逆可能有一个非常重要的前提——糖尿病确诊时间。在 2 个大研究中，一个是糖尿病诊断在 6 年以内，另外一个是糖尿病诊断在 3 年以内。所以诊断的时间越短，减重后的疗效一定是越显著的。此外，在一个糖尿病诊断在 8 年以上的研究里，缓解率稍低，不排除有糖尿病诊断时间的关系。其实不难理解，包括在做糖尿病代谢手术的时候，如果糖尿病已经确诊十多年或二三十年，那么胰岛功能，尤其是 β 细胞的功能可能已经大量损坏，手术后的效果自然是会打折扣的。

最后，很重要的一点在于 3~6 年以内的糖尿病或者只是处于糖尿病前期，在药物干预之前不妨先来营养科减肥，可能会有意想不到的收获。

问题 1：前几年，有一个邻居被发现得了糖尿病之后一点主食都不敢吃，饿肚子减肥，没过几天就把自己给弄医院去了，至于吗？

答：减肥方式的选择非常重要，所以患者不要在了解到减肥能够缓解糖尿病之后就自行进行节食减肥，确诊糖尿病的患者更需要的是到正规医院营养科就诊，而不是自行节食减肥，不科学的方法特别容易导致酮症酸中毒，引发昏迷等症状，严重时甚至会危及生命。一定要到医院营养科，经医生评估后再干预。

问题2：能不能通过减肥治疗胰岛素抵抗？

答：还得看胰岛素抵抗的情况，大多数患者血糖基本正常或稍高，合并肥胖的多少会有点胰岛素抵抗，有效减重后，胰岛素抵抗都能够获得较好的缓解。如果是本身已经糖尿病十几年或二三十年，那么最好还是到正规医院的营养科进行具体的评估，个体化治疗，方法因人而异。

问题3：减肥过程中生病了，饮食和运动是不是需要调整一下？

答：生病期间减肥可以稍微停一停。把优质蛋白，如肉、蛋、奶的量吃够了，恢复好身体状态后再执行减肥计划。千万不要在身体状态很差的时候还硬压着自己减肥，这并不是维持身体健康的办法。

问题4：重度肥胖，而且高血糖，是不是在安全的基础上减得越多，血糖越安全？

答：从上文中提到的研究来讲，减肥多少和血糖减低幅度的关系存在这样的趋势。减肥多一点，血糖会更好一些，但二者之间并不一定是完全的线性关系，可能同糖尿病的病程、伴随的糖尿病合并证、减肥的依从性等都有关系。但如果可行的话，在现在的体重基础上减掉15%肯定对血糖状况有帮助，尤其是糖尿病3~6年以内的朋友们。

问题5：60岁的长辈，糖尿病病史20年左右，血脂比较高，控制饮食还能够起到缓解作用吗？

答：既然已有20年的糖尿病病史，那么低盐、低脂的糖尿病膳食是必须的。糖尿病膳食更利于血糖的平稳控制，维持病情稳定。但20年左右的糖尿病能不能通过减肥和控制饮食来缓解则通常并不是一个拥有确定答案的问题。从笔者自己的经验上来讲，可能会有一定的难度。低盐低脂的糖尿病膳食就好，具体的可以到正规医院的营养科和内分泌科问诊后再评估。

23 备孕期怎样减肥？

某一个周五上午的门诊，有 2 位患者同时告诉笔者减重后顺利备孕。在此之前，也有一位 41 岁的患者在减重后双胞胎顺利备孕。还有一位多次人工妊娠失败的患者在门诊减重后自然备孕……

这样的故事，在营养科门诊有很多。

笔者经常开玩笑说营养科是“一条龙”服务，从备孕前调体重，到孕期预防妊娠期糖尿病，保障胎儿正常发育，再到产后哺乳，产后瘦身。有的患者朋友会说了，康大夫您膨胀了，备孕的事应该去看妇产科，和营养科有什么关系呢，您会不会太自夸了？

这话说得很对，备孕生产看妇产科，甚至生殖科，是最重要的不可或缺的就医过程；不过，在备孕过程中，在医疗以外的事，除了妇产科医生提供专业的意见外，患者自己可以在这一过程中做些什么？

可以看看营养科，管理一下体重，让自己的状态达到最好。

有的患者备孕非常辛苦，各大医院生殖科跑了个遍，做了很多检查，甚至做了多次试管婴儿，这些过程让人身心俱疲。其实在这个时候把自己的身体状态调整得好一些，可能会更容易增加受孕成功率。那么为什么肥胖会与备孕成功率有关呢？这并非医生的危言耸听。

肥胖会影响到月经

身体体重过大可能会影响到月经周期，尤其一部分患者可能在肥胖后患上多囊卵巢综合征，伴随有胰岛素抵抗，再作用到子宫内膜，进而引起月经周期变化，导致备孕成功率下降。

不孕症

女性在 35 岁以下，无避孕，正常夫妻生活 12 个月未怀孕；或者 35 岁以上，在不避孕的情况下正常夫妻生活 6 个月未怀孕，那么这时就要考虑不孕症的可能性。

导致不孕症的原因多样，很复杂。世界卫生组织（WHO）在 1992 年统计过发达国家的不孕症相关病因，其中，大约 37% 可能跟女性相关；8% 可能跟男性相关；35% 跟男女性都是有关系的。所以，备孕并不都是女性的事，同时与男性也有很大的关系。

对于女性而言，不孕症常见的原因很多，如排卵障碍 (25%)、子宫内膜异位症 (15%)、高催乳素血症 (7%)、盆腔粘连 (12%)、输卵管阻塞 (11%)、其他输卵管异常 (11%)、宫颈解剖异常、子宫畸形还有其他的因素，如遗传性易栓症、免疫因素等。

对于男性而言，不孕症常见的原因也很多，如内分泌和全身性疾病 (通常为低促性腺激素型性腺功能减退症，占 2%~5%)、原发性睾丸生精缺陷（65%~80%）、精子输送障碍（5%）、特发性男性不育（10%~20%）等。

通常情况下，因疑似不孕去看妇产科或生殖科的时候，医生们可能会对患者针对性地做一些评估，包括月经史、妇科激素、排卵功能、子宫输卵管造影或子宫声学造影联合输卵管通畅性检测、卵巢储备评估联合月经周期第 3 日血清卵泡刺激素和雌二醇水平、抗苗勒氏管激素和 / 或窦状卵泡计数、促甲状腺素、免疫及遗传因素等。

这部分工作需要在正规医院经专业的医生去评估，去诊疗。

医疗以外，备孕期间自己能够能做哪些努力?

年龄

年龄越大，备孕可能会越费事。来看美国的一个数据：美国女性在 15~34 岁时不孕率约为 7.3%~9.1%；到 35~39 岁时，不孕率约为 25%；40~44 岁则到 30%。40 岁时的女性生育率较 20 岁时低 40% 左右。男性 50 岁以上生育率会出现明显的下降，这个是自然规律。

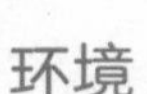

环境

要注意接触的环境！

如抽烟，抽烟是明确会影响到备孕的。曾经有人做过研究，女性每天抽 10 支烟以上生育率会明显下降，男性也要注意。

如喝咖啡，从原则上来讲，每天摄入 200mg 以内的咖啡因是比较安全的，不过，咖啡与备孕和生产的关系在不同研究中结论不一，而有的研究发现，咖啡因摄入过量会影响备孕成功率；也有纳入了 1700 多对夫妇的队列研究发现，与不饮用咖啡的女性相比，每日摄入 1~5 杯咖啡的女性活产率更高（校正 RR 1.53，95%CI 1.06~2.21）。所以，咖啡按照习惯喝就好，如果在备孕期则可以酌情减量，防止咖啡因超标。

如化学接触，有的时候生活当中往往容易忽略这一点，如重金属杀虫剂，刚刚装修房屋后室内装潢材料散发的甲醛等，一定要在意。

对于男性来讲，不要穿过于紧身的衣服等，这样穿着也可能会影响到精子的质量。

体重管理

经常有患者备孕时去看妇产科，然后被妇产科医生建议先减重。为什么呢？妇产科传授的实践经验便是如此。

有很多研究证实，体重增加后备孕难度会随之增加。2015 年的一个前瞻性研究观察了 1950 名年轻女性，发现同 18 岁时相比，体重每增加 5kg，妊娠所需平均时间会延长 5%。

仔细算一算这个数据的话还是挺吓人的。尤其对 BMI 在 18 岁以后明显升高的人而言备孕时间显著增加。

还有一个美国学者做的调查对 3154 例 BMI 在 $30kg/m^2$ 以上的年轻女性，发现无论是怀孕率还是活产率，其在备孕时都比 BMI 在 $25kg/m^2$ 左右的女性成功率要低一半。

把 BMI 和备孕率作为横纵坐标绘制一条曲线结果也很有意思。BMI 在 $18.5kg/m^2$ 以下的女性算营养不良备孕也十分困难，备孕率不是特别高；BMI 大于 $30kg/m^2$ 的女性备孕率同样较低；体重正常，BMI 在 $20{\sim}25kg/m^2$ 之间的女性备孕率则较为可观。

BMI 明显增加后会有多囊卵巢综合征的问题，因为有胰岛素抵抗，多囊卵巢综合征的胰岛素敏感性会降低，在肥胖人群这一现象更显著。

基于这些流行病学数据能够得知体重管理对于备孕而言还是挺重要的。所以科学减重能够改善胰岛素抵抗，进而影响备孕。

那么体重减多少才能看到备孕成效呢？

有一个研究发现，半年减 10kg 后备孕成功率显著增加。

1998 年前后，科学家们选择因各种各样的原因导致不孕的女性 67 名（其中有 80% 的是多囊卵巢综合征患者），开始对她们进行干预减重，半年减 10kg。

结果喜人，减重成功后在这 67 人中备孕率达到了 77.6%，相当于减掉 10kg 后有接近 80% 的女性顺利备孕，而且活产率达到 67%。因此，可以先减 10kg 再进行备孕，成功率会更高一些。

减重的多少与备孕成功率之间的关系目前暂时没有绝对的定论。在协和营养科笔者门诊有减得比较好的，掉了二三十斤肉然后成功备孕的，也有体重基数比较大，稍微减重十几斤就备孕成功的例子。

除了体重本身，在临床经验上，体脂率的变化也很重要。有些体重比较大的患者不一定要减掉过多的体重，在体脂率降低后很快月经就变得正常，备孕也有好的结果。

那么，体脂率减到多少备孕率会更好呢？目前也没有太多的相关文献数据，在此提供笔者的经验和体会，不一定准确权威，仅供参考。

用标准的人体成分测量仪（并非简单的体脂秤）进行测量，如果基础体脂率约 40%~50%，那么降到 35% 左右成功率会比较高；如果基础体脂率 40% 左右，那么降到 30% 以下可能会更好。

体脂率下降后，患者自己会感觉到身体有明显的变化，稍微减重后，1 年多没来的月经不用药物辅助就自行回来了，稍微管理一下体重就有这样的效果。

减重手术

对于通过减重手术实现体重下降的患者而言，指南上也建议术后 12 个月至 18 个月再考虑备孕。

男性体重也要管理，要好好吃饭并保持适度活动。

男性不育因素有少精子或无精子症，也有精子数量正常而不育的，如精子浓度低、精子活力低（弱精子症）、正常形态的精子少、精子形态异常（畸形精子症）导致质量差等。这些因素与日常饮食都有一些关系。

有研究发现男性经常吃高糖、精制糖或者多油饮食后会影响到精子质量。高糖饮食的男性，低活力的精子比例会显著增高，进一步的基础研究发现精子的活力与 tsRNA 正相关，高糖高脂饮食会影响 tsRNA 的量，其数值变少后，将进一步减少精子的活力，尤其是肥胖群体受此影响更大。

另外一个研究纳入了亚洲人群，结果发现油炸食物或者人常说的不健康饮食能够使睾酮的水平变低。对男性来讲，睾酮的水平变低一定是会对生育能力有影响的。

《美国医学杂志》子刊在 2020 年也有一个高质量的研究，其证实了不健康的饮食会影响精子的质量。为此，男性备孕时也应少吃高糖高油食物。

吃二甲双胍可以备孕吗?

有多囊卵巢综合征或经常看妇科内分泌门诊的患者往往对二甲双胍并不陌生，二甲双胍是胰岛素增敏剂，肥胖合并多囊的朋友们一般都会有胰岛素抵抗的问题，那么用上二甲双胍，又减肥又备孕，不是很好吗?

不完全是！二甲双胍有其专属的适应证和禁忌证（详见二甲双胍一章）。

第一，它并不是治疗月经稀发的一线药物。

第二，它对多毛症、无排卵性不孕、预防妊娠并发症等可能无效。

第三，它对治疗有胰岛素抵抗的 PCOS 女性而言更可取。在 2000 年有一篇文献研究发现，一次口服二甲双胍 500mg，1 天 3 次，有一半的多囊女性能够恢复正常排卵。

也有研究发现，在进行体外受精人工生殖的时候口服二甲双胍并没有增加妊娠率和活产率。美国生殖医学学会认为二甲双胍不能增加排卵率、妊娠率和活产率，不是首选药物，即使每天口服 2000mg 二甲双胍也不能预防妊娠糖尿病。因此对于服用二甲双胍，还是那句老话，遵医嘱。

睡眠和情绪

情绪特别重要。有的患者在医院做过2次以上试管婴儿，付出的努力很多，之后情绪就会特别紧张，同时还要面临来自包括家庭或者是各个方面的压力，此时她们更要尽量放松自己的情绪，因为再紧张，成功率也不一定会更高。

睡眠特别重要（详见睡眠一章）。专门有研究比较了1176名男性睡觉时间同生育率的关系，发现每天睡7~8h或8h左右者生育率是会更高的。因此，男性在备孕时要睡够7h！

备孕一定要到正规的妇产科或者生殖科。此外，患者自己能做的就是在合适的年龄避免接触不合适的环境，把自己的体重或体脂率管理到最佳状态，健康饮食、适当活动、好好睡觉，笔者在此期待患者朋友们成功的好消息。

问题1：减肥备孕应该提前多久开始？

答：减肥并不应该全是为了备孕，还可以为外形管理而减肥，所以是任何时候都可以的。真想减肥备孕的话，还是要结合自身体重状态等情况，如果希望通过医学营养减重来减肥的话，建议最少给医生留3个月到半年的时间，这样会比较充裕。

问题2：减肥备孕的时候要不要考虑体重反弹？比如说怀孕了正好体重反弹怎么办？

答：不用考虑，备孕成功后营养科后续有专门的孕期营养门诊，可以帮助患者合理控制孕期体重增加和保障胎儿发育。包括哺乳期和产后的减重也会有医生进行全程监测并给予指导。

问题3：体重85kg，身高163cm，把体重减到60kg，这样会不会更容易备孕成功？

答：可以进行减重，但也不是必须等到体重60kg才能开始备孕，有很多事是水到渠成的。来协和营养科笔者门诊的很多患者不见得非得把体重减到多低才会得到好消息。有的人在体脂率稍有变化时就能很快地备孕成功！

问题4：现在经常谈优生问题，如果没有在比较合适的体重状况下怀孕，会不会影响胎儿健康？

答：有这个决心的话，好好减重就可以。正规产检，定期到妇科、营养科随诊，一般问题不大，不太会影响胎儿健康，笔者不建议为了优生而给自己太多的压力。

问题 5：现在有的女孩子对身材管理有数字焦虑，一定要从 50kg 减到 40kg，甚至有 60kg 的人一定要去做减重手术，碰见这样一定要指定到某一个很低体重的人，医生对他们怎么看？

答：过度的体重数字焦虑是危险的！ 60kg 去做减重手术也是不对的，建议前往营养科门诊进行个体化一对一的咨询，因为有人可能有上镜、照婚纱照等硬性要求需要减重。具体该不该减、减多少还是要找专业医生来看一看，具体聊一聊需求和计划。

24 40 岁以上女性怎样减肥？

人生中，每个年龄段都有自己的精彩。

有一部电影叫《20 30 40》，讲的是不同年龄段女性朋友们的故事。

女性到了 40 岁，生活过得游刃有余，越来越优雅，对自己的体重管理要求也与二三十岁时不一样了。很多患者跟笔者抱怨，体重管理很辛苦，为了保持身材每天不吃晚饭，喝水也会长肉，一长肉就长到肚子上……觉得体重管理起来还是挺难的。

有人照着书去尝试生酮饮食，有人去尝试吃减肥药，有人去参加减肥训练营，笔者认为这些方法其实都不合适，减肥效果不明显不说，一通乱来之后反而乱了代谢平衡，反弹更快还使人身心疲惫。

为什么胖

有人说，20 岁随便撸串夜宵也不会胖，40 岁稍微多吃点马上衣服就穿不上了，希望知道这是为什么？

基础代谢率降低容易导致发胖

客观上讲，30 多岁是人一生当中肌肉含量最巅峰的时候，随着年龄的增长，如果没有刻意地训练，人的骨骼肌质量和力量都是会走下坡路的。骨骼肌减少，最直接的影响就是基础代谢率降低了。

肌肉之外，年龄本身也会影响基础代谢率，在所有影响因素中可以占到 1.7%~2% 的比重。随着年龄的增长，基础代谢率会逐步下降。通俗地说，少年人吃两碗饭可能还觉得不太够，肚子有点饿；中年人肌肉减少，代谢降低，稍微吃个两碗饭肚子很快胖起来了。同样的能量摄入，由于身体的能量消耗降低所以容易发胖。

不仅仅是女性，男性也是一样的，所谓“岁月是一把杀猪刀”，实质上就是基础代谢率降低引起的。

多油饮食容易导致发胖

经常有人说自己喝水都长肉，其实仔细一问就会知道，只喝水不吃饭，饭是吃得不多，但高热量的食物、水果、坚果、糕点可是没少吃。

美国科学家在 2006 年发表的一个研究分析了大约 48 000 名 50 岁以上的女性参与者，发现体重管理最好的人恰恰是摄入脂肪比例较低的人群。

笔者经常跟人开玩笑地讲亚洲女性进入 50 岁后容易长肚子，40% 的原因是年龄和激素代谢，而 60% 的原因很可能是生活中能看见和看不见的摄入热量太多，吃各种酱、坚果、零食、糕点、奶油、肉皮等，在吃油炸食品时尤其需要注意。

在美国 40 个州，科学家调查了大约 11 万人左右，对这些人吃油炸食品的情况做了分析，发现油炸食品吃得比较多的人心血管疾病死亡率和整体全因死亡率都有显著升高。而油炸的食物不光有外国人爱吃的炸鸡炸鱼炸薯条，还有我国人喜欢吃的油条油饼，这些食物虽好吃，但要少吃，每月 1 次过过瘾就好，天天吃人身体受不了。现在的人容易胖，不是饭吃得太多，而是多油食物吃得太多。

久坐容易导致发胖

现在的人总是坐太久，工作的原因也好，刷手机平板也好，都呈现长时间静坐的状态。

韩国科学家在 2015 年前后的一个研究中发现，时常久坐会显著增加脂肪肝的发生率，《柳叶刀》杂志中发表的一篇研究也表明，久坐不但容易胖，而且会增加心血管疾病、各种肿瘤发生的风险。

久坐不好人都知道，但是避免久坐很难。

协和营养科笔者门诊有一个老规矩，建议患者给手机设一个每小时的闹钟提醒，提醒自己站起来倒杯水或者去上个厕所，特别忙需要长期坐着办公都能理解，但倒杯水或上个厕所的时间一定是可以有的。

疾病容易导致发胖

容易胖、胖肚子是十分影响美观的。其实，很多女性朋友们即便体重或BMI处于正常范围时也会有肚子胖的问题。2020年我国学者在浙江省调查了约17 000名患者，发现虽然体重正常，但仍有三分之一的人存在代谢性肥胖，这跟年龄和腰围明显相关。肚子胖，即腰围大或者腰臀比大对健康的影响或危害更甚于单纯的体重过大。

如果任由体重增加，随着年龄增长，人很容易会得代谢性疾病。在上海，有研究者对48 000名女性进行长期观察，从她们40岁开始，一直观察到她们60岁，发现随着BMI的增加，慢性代谢性疾病的发生概率显著增加，全因死亡率也一并增加。

有的人认为自己比较年轻，和这些症状还离得很远，但事实并不完全是这样。有个研究专门找了10 000多名18~23岁的青年女性，从1996年开始每3年一次观察记录她们的体重并定期随访，15年后，调查发现随着她们年龄增长和体重的增加，其患糖尿病的几率也一并增加；而且随着BMI增加，各种疾病的发生率也都显著增加。由此科学家们得出结论，要预防糖尿病，一定要适当控制体重，尤其需要防止体重伴随年龄的过快增长。

随着年龄增长，体重增加既有代谢本身的原因，也有饮食和生活方式变化的原因，那么，应如何应对这种问题？

容易胖，怎么办？

容易胖，少喝汤

在患者第一次来笔者门诊问诊时，笔者一般教给他们的第一个作业就是少喝汤，目的就是为了控油。

有的人会说，将汤中的油过滤，没有油脂了可以喝吗？即便是这样也要少喝，因为生活中人们摄入各种各样的油太多了。为什么要在减肥的第一个月注意这个呢？因为控油是一种态度！

所谓“取法于上，仅得为中，取法于中，故为其下。”刚开始减肥，控油的标准要稍微定得严格一点，因为好吃的东西太多，看不到感觉不到的油也太多，要减肥，还是得把起点定得高一些。

容易胖，少喝汤，从控油做起。

容易胖，营养科

网上减肥的方法和捷径没有一千也有八百，但那些大多数是以“噱头”为主，全靠营销，盯人钱包。

在体重管理方面，最专业、最放心、最安全、最有效的是来医院营养科进行医学营养减重。减重最核心的内容不是一个简单的食谱，而是汇聚了国内数百名营养专家批阅三载，增删数次的《医学营养减重专家共识》，在《共识》指导下减重有一套标准化的流程。

所谓标准化在管理学上可能被强调得多一些。而减肥也是对体重的管理，减重的每一个步骤，筛查什么疾病，干预目标如何，发现问题如何应对，这些都是标准的、按部就班的流程。

和减肥中心不同，医院的营养科指导减肥，第一看安全；第二要有效，且不饿肚子；第三要定期随诊，保证不反弹。

容易胖，多少步？

说起减肥，“迈开腿”最为通俗易懂。

那么在日常生活中，走多少步对健康最有好处呢？

最健康的步数是不固定的，和年龄有关。40~60 岁左右，每天走 8000~12 000 步为宜。

习惯久坐，经常开车上下班的人，如果每天步数少于 4000 就非常不健康，各种心脑血管疾病和肿瘤的发生率会增加，也容易肥胖。有一个关于北京人买车的研究很有意思，说北京人买车后，有一部分中年人的体重变得越来越大。

但走得太多了也未必合适。经常有朋友说每天走 5~6km，体重却一点也没变化。这是为什么？因为运动只占人体总能量消耗的 30% 左右，不进行饮食调整，单纯运动带来的效果必然如此。而且如果人的 BMI 大于 28kg/m^2 且年龄在 50 岁以上，那么一定要注意，每天走 5km 或爬楼梯，体重不见得能减，但特别容易出现关节损伤、足底筋膜炎等症状，往往得不偿失。

60 岁以上、70 岁左右的人每天走 7500 步左右可能更为健康。研究发现比之

7500 步左右，步数多了或少了都可能增加全因死亡率。

迈开腿，有讲究，做好拉伸，小心损伤。

容易胖，怕骨折

运动的时候一定要小心骨折。

随着年龄增长，女性骨质疏松的风险逐渐增加，再加上减肥膳食限制了人体摄入的能量，所以患者更得小心。

来看一个美国科学家进行的研究，该研究将样本分为两组，所有样本患者的 BMI 均在 27kg/m^2 以上，平均年龄 57 岁，一组通过限制能量摄入的方式减肥，不要求运动；另一组不严格限制能量摄入，只强化运动。1 年后发现单纯限制能量摄入组的骨密度降低，而运动组则正常。

骨密度低的人肯定更容易骨折，要知道，适当的活动不仅利于减肥，而且利于维持骨密度，使身体更健康。

多数持续超过 1 年的长期研究都会得出结论，运动能为减肥带来很好的效果，尤其对于内脏脂肪含量的改善，腹部脂肪的减少，所以，女性朋友们应进行适当运动。

不过，运动过度或类型不合适也容易出问题。运动之前的热身非常的重要，一定要做好拉伸才不容易受伤；上强度的时候要循序渐进，一蹴而就也很容易受伤。运动减肥，无数的例子证明无论是胳膊摔了，腿脚伤了，还是腰扭了，只要受伤减重效果一定会打折扣，很多时候体重可能得反弹十几斤。

容易胖，睡好觉

这个年龄段，除体重管理，心情管理之外，还有一个特别重要的事就是睡眠。睡得好了，心情和体重自然好；睡得太晚，减重效果会打很大的折扣。而且研究发现睡眠同患高血压、心脏病和肿瘤的风险也有关系。

协和营养科笔者门诊一般要求患者尽量 11 点半之前睡觉，哪怕睡不着也要早早躺下，别刷手机，越刷越睡不着。

睡不足和睡不好都容易导致人发胖。有人习惯睡觉开个小夜灯，这其实也会对体重造成影响。还有研究说睡觉开着灯会影响到睡眠节律，膀胱癌、甲状腺癌和乳腺癌发生率也可能显著增加。

所以，减肥从睡个好觉开始。

皮肤松弛

女性要减肥，尤其是进入 50 岁以后的女性，需要把控一下体重下降的节奏，不能降得太快。体重快速下降后，最直观的表现就是皮肤松弛、影响美观。脸上和脖子上出现褶子，还是很让人纠结的。

想要避免这一情况就不要自己靠饥饿来减肥，要依靠正规的医学营养减重，而且要尽量贴合方案，注意优质蛋白质的补充，做到稳中有降，按照医生提的要求一步一步地去完成。

同时，在减肥过程中可以做一点小的抗阻运动。在协和营养科门诊，笔者常教患者的是将一瓶矿泉水搁在办公桌上，没事的时候把它当作一个小哑铃练习一下。这个动作的主要目的是让患者通过运动使皮肤收紧。

皮肤的问题需要在意，不能人是瘦了，皮肤却松弛了。40 岁以上女性的体重管理还是要优雅一些。

问题 1：喝咖啡会不会提高基础代谢率？

答：最近有一个研究说喝了咖啡之后能够增加基础代谢率，但只是动物实验，在应用于人体的长期减肥实践上距离结论还很远。在协和营养科笔者门诊，咖啡并不被作为一种禁忌，但一般要求无糖。

关于喝咖啡有很多研究。为此，喝咖啡这件事笔者的态度是不支持、不鼓励。因为研究发现喝咖啡对肝癌有明确的预防作用，的确有这样的优点。但喝咖啡不好的地方是也有研究发现其可能会加重骨质疏松。看个人意愿，但是笔者不指望依靠喝咖啡提高基础代谢率。

问题 2：每周上午 2h 都去健身房上私教课，但是全天其他的时间都坐着不动了，这样合适吗？

答：运动很好，但不是特别建议久坐，可以偶尔起身活动活动。私教课要不要上因人而异，在笔者的门诊一般建议患者把这个钱省一省。营养减重 3~6 个月后还有想要上私教课的意愿再去。营养减重 6 个月之内，没有去的必要。

问题 3：体重 130kg，能不能通过跑步锻炼减肥？

答：这个体重建议还是少做跑步等运动，要跑至少也建议经过专业的运动指导后再做，这样主要是怕运动损伤，很多年轻人会因为运动不适出现韧带损伤而不得不做手术。

问题 4：医学营养减重 3 个月减完之后，后续的饮食除了早餐以外，午餐和晚餐是延续现有标准，还是要重新看处方?

答：医学营养减重一般 3 个月之后会更新一次处方，如 3 个月高蛋白饮食之后衔接 3 个月的轻断食，然后再限能量平衡膳食，这些可能会根据患者的情况再进行调整。6 个月之后患者基本上能养成好的吃饭习惯。另外需要注意门诊定期随诊。

问题 5：由于年龄增加的原因，50 岁的女性在设置减肥目标时可不可以放宽一点？如减重的速度慢一点，然后目标的体重设置也高一些?

答：因人而异，不是特别绝对，但是遇到 60 岁以上的患者，笔者一般会将进度调慢一点，不能减太快。

问题 6：家里的体脂秤准不准?

答：相对准确，因为它是算出来的，它测的数值可能不是特别的准确，但作为一个对照的参考，将减重前的数据与减重 1 个月之后的数据比较，能够发现体脂率变化，这个是有意义的。另外，也不用特别盯数据，更重要的是尽量贴合方案，依从性到位了，体重自然顺着就降下来了。

问题 7：更年期做中药调理，与医学营养减重可以同时进行吗，两者会不会互相干扰?

答：理论上讲是不冲突的，但是具体是否可行需要医生进行专业判断。

问题 8：减肥期能不能适量地吃干果?

答：减肥第 1 个月还是要酌情控制的，吃的时候笔者这里有几个要求：第一，不能超过两个核桃的量，吃之后需要进行等价交换，当天或者第二天的炒菜要拿水涮一下再吃，用烹调油来换坚果；第二，少吃盐焗、油炸的坚果。

25 孕期和产后减肥应该怎么着手?

前两天，协和医院的一位护士老师在笔者的门诊通过医学营养减重减肥 2 个多月后，非常顺利地备孕，怀上了二胎。分享完好消息，护士老师便来咨询接下来孕期该怎么吃。

专业孕期营养门诊

虽然营养科专业是减肥，但是很明确地告诉大家：妊娠期不要减肥！

妊娠期的体重自然也是要管理的，但胎儿发育正常与否更是需要时时记挂在准妈妈们的心头。

怀孕期间的体重管理需要专业的孕期营养门诊，在北京协和医院既有线下的，也有基于协和 APP 的线上版本，基本可以满足患者的需求。

孕期不要减肥，体重管理要来营养科孕期门诊！

本章作为本书的“彩蛋福利”，下面的内容主要基于笔者的临床经验，帮患者捋一捋不同孕期的注意事项，供您参考。

妊娠前 12 周，要注意什么？

妊娠前 12 周特别需要注意的是安全！从经验上讲，妊娠前 12 周是一个坎，需要小心不良孕产发生。无论是受精卵被自然选择还是其他的意外，大多数都发生在妊娠前 12 周。

聊安全，是因为来协和营养科调体重备孕的患者往往已经在很多地方走了很多弯路，去过很多医院科室，付出很多精力，所以更要小心，要注意安全。

平衡膳食

进入孕期状态就可以把减肥的食谱都停掉了，不用去限制能量，平衡膳食最好！

什么是平衡膳食？是中国营养学会推荐的膳食指南。平衡膳食的食物种类要更丰富，主食粗细搭配、瘦肉、蛋、牛奶、蔬菜和水果都被囊括其中。

孕期吃饭要少油盐、少油炸，腌制食物也要少吃，有研究发现腌制食物与儿童脑瘤的发病可能有关系。

在平衡膳食的基础上，孕妇自己也需要掌握一定的吃饭技巧。如固定进餐时间、进餐次数最好达到 5 次、要有加餐、进餐顺序应为先菜后饭、不要少吃早餐或晚餐等。

孕吐

在怀孕早期，孕吐是很常见的现象，孕吐严重时什么都吐，什么都不能吃。导致这一现象的原因是孕妇在孕期激素水平与平时发生了变化，其不以个人的意志为转移。因此，可以使用一些小技巧来预防孕吐，如按时进餐、少量多次、下口时慢慢地啜服、进餐时不喝汤、不将食物混合食用、避免食用有刺激气味的食物、保持良好作息、转移注意力、不要过度地紧张等。

孕吐是一个自然的过程，虽然孕吐期间孕妇吃得比较少，体重可能也有下降，但大多数时候不太会严重影响到胎儿的生长发育。

如果实在孕吐严重，出现了尿酮体或体重显著下降，那么可以看看妇产科，稍微通过静脉输点液，很快就能恢复正常。

补充叶酸

补充叶酸的目的是预防胎儿神经管畸形，这个一般备孕的人都不会忘，因为怀孕建档时社区医院都会给孕妇开叶酸。

叶酸的服用量在国外各种指南中推荐的也不完全一样，美国妇产科医师学会 (ACOG) 建议至少每天 0.4mg，美国糖尿病协会 (ADA) 建议至少每天 0.4mg，加拿大妇产科医师学会推荐每天 1mg。目前，尚无评估不同剂量叶酸的临床结局研究，我国推荐每天 0.4mg，最多的不超过 1mg。

甲状腺功能

很多人在减重的时候会特别在意甲状腺功能，甲功不稳了减肥效果会比较差，在孕期也是一样的。孕期甲功有异常，一定要老老实实地去看内分泌科，无论是本身有一些甲减或者是甲状腺抗体阳性，尤其是合并不良孕产史的，一定要去找专业的内分泌科大夫去看看。

睡眠与心情

孕早期的孕妇心情是比较容易出现波动的，这可能有激素变化的原因，所以需要孕妇能学会给自己一个暗示和调整。

妊娠 12 周后要注意什么？

体重管理

孕期的朋友们经常是稍微一补体重就收不住了。

中国营养学会关于孕期的体重管理有推荐指导，孕中期推荐进行一些轻体力活动，同时每天热量摄入可以达到 2300kcal 左右，包括蛋白质 70g，另外，碳水化合物占到 50% 左右。

孕妇不应过分控制饮食，而且体重不足的孕妇需要摄入稍高的能量。同时，还需根据体重增加、血糖的情况随时调整膳食的能量摄入。

美国也有一些推荐指导，对于一个标准体重的孕妇而言，能量摄入可以达到 30~35kcal/kg 体重，算下来之后大约 1800~2100kcal 左右，到孕中晚期再分别增加 200kcal。

这时候，既不要在做 B 超发现宝宝有点小就开始紧张，也不要补过了，防止孕期体重增长过快。整个孕期体重增长大约以 10~15kg 左右为宜。已经超重或肥胖的孕妇还需要降低这一数值，孕期体重增加以 7.5~10kg 为宜，否则会为生产带来困难。

正常孕期的体重增加需要稍微把控一下，每周增长 0.25~0.5kg 左右，体重消瘦的可以稍微多一点，每周 0.4~0.6kg。

妊娠期糖尿病

孕 24 周左右时产检医生会让孕妇去筛查血糖。

现在女性怀孕的年龄越来越高，体重越来越大，特别容易出现血糖问题，在医学专业上这个诊断叫作妊娠糖尿病。

妊娠糖尿病是有危害的。对胎儿来说，易发生宫内缺氧、畸形、羊水过多、巨大胎、增加新生儿合并证等；对孕妇来说，自然流产率增加、妊娠高血压综合征发生率增加、抵抗力下降、手术流产及产伤几率增加、患糖尿病风险增高等。

如果孕妇年龄在 35 岁以上，有妊娠前超重或肥胖、糖耐量异常、多囊卵巢综合征、家族糖尿病史、巨大儿分娩史、本次妊娠可疑巨大儿、羊水过多等情况，则要格外注意妊娠期糖尿病的风险，认真应对血糖问题。

说到血糖筛查，会有很多孕妇对其感到紧张。事实上，85% 的妊娠糖尿病单纯通过营养治疗就够了，除非特别严重才考虑通过胰岛素治疗。

在饮食方面，孕妇要注意油盐和热量超标。笔者以前的调查研究发现，同正常没有血糖问题的孕妇相比，妊娠期糖尿病的孕妇们摄入的能量明显要更多，油和盐也更多一些。

因此，孕妇主食的选择可以有一点点粗粮，选择低血糖生成指数的食物以减轻血糖负荷，保证优质蛋白质如瘦肉、鸡蛋、牛奶或豆制品的摄入，同时也要注意三餐规律、适当加餐、先吃菜后吃饭及适当咀嚼等。

钙

孕妇在孕期可能有抽筋的表现，尤其到了孕中晚期后，极有可能会存在钙缺乏的情况。

一般成年人每天钙摄入 800mg 左右，进入孕中晚期可以再增加 200mg，达到每天 1000mg 左右。如果食物摄入不足的话，可以通过口服钙片补充。另外有系统综述发现每天摄入 1000mg 钙可以降低孕妇发生先兆子痫的风险。

维生素 D

钙和维生素 D 是营养界的热门话题，关于钙和维生素 D 的文章有很多。曾一个小的队列研究发现妊娠期缺乏维生素 D 可能导致孩子在 20 岁后骨密度更低。但《柳叶刀》杂志的一个研究则得出了完全不同的结论，即有名的埃文亲子纵向研究，其针对 3960 对以欧裔白人为主的母子，在母亲妊娠期检测 25 羟维生素 D

浓度，在子女 9~10 岁时检测骨密度。结果发现母亲妊娠期维生素 D 状况与子女 9~10 岁时的骨矿物质含量并无显著相关性。

所以，补充维生素 D 在妊娠女性中的有效性尚有争议。

2010 年，美国医学研究所 (IOM) 推荐孕妇在孕期每天补充维生素 D 大约 600 国际单位，且其认为每天给予 1000~2000 国际单位是安全的，主要建议维持血液中 25 羟维生素 D 大于 30ng/mL。

贫血

孕期缺铁性贫血很常见，所以孕妇在产科随诊的时候医生一般都会帮她们把铁剂加上，这方面问题不大；如果贫血特别严重，那么从饮食角度也可以酌情补充，如每周吃一次动物肝脏之类，其他的红肉和绿叶菜应该正常吃。

其他少见的贫血如地中海贫血等应到产科或血液科进行正规诊疗。

分娩与体重

2021 年《英国医学杂志》发表了一个研究，委婉地提醒孕妇要注意孕期的体重管理。

这个研究纳入了 BMI 大于 $30kg/m^2$ 的孕妇 2035 人，比较不同的剖宫产后皮肤缝合方法的切口感染率差异。无关结果，既然能被作为研究的目的，可想而知体重太大剖宫产后切口容易感染，显然这是由于皮下脂肪太多所致。基于此，孕期体重管理还真是得早点琢磨。

产后不减肥

网上经常有人说休产假是减脂的黄金时期，这其实是错误的说法。产妇需要小心的是哺乳，产后即刻减重，哪怕只是少摄入 500kcal 的热量都会对哺乳产生影响。

正规营养科减肥不建议产后立即减重，至少应在哺乳期结束后再考虑。

绝大多数哺乳期来营养科笔者门诊减重的孕妇都被医生劝退了。因为在门诊减体重很容易，但影响哺乳的话就是得不偿失了，显然宝宝生长发育更为重要。事实上，经研究多数减重专家编写的《共识》也提出在哺乳期结束后体重更容易减。

即便有的产妇因为工作或各种原因不能哺乳，笔者也不建议她们自行节食减肥。因为产后身体很多激素水平不一定立刻能恢复正常，盲目地节食运动可能事倍功半，还可能会对身体造成损伤。因此，产后减肥一定要到营养科门诊，找医生量身定做体重管理方案。

这里有几个产后哺乳的要点跟您分享：首先产后哺乳需要注意保证每天摄入液体2000~2500ml，水也好，奶制品也好，简单的汤也好，都没有问题，优先保证容量足够；其次，不论是营养方案还是均衡饮食，种类一定要全，不要过于单一，少吃不健康的食物；再次，尽量保证优质蛋白的摄入，如一个鸡蛋，额外再加一个蛋清以及500~750ml的奶制品，瘦肉、红肉白肉都行，豆制品等也可以，保证优质蛋白的摄入量；另外，蔬菜水果要有；还有，要规律饮食、要有加餐……

顺利备孕，顺利生产，顺利哺乳，顺利瘦身，营养科大夫一直和患者朋友们在一起！

问题1：备孕前采用高蛋白减肥，那么产后多久可以重新开始高蛋白减肥？

答：第一，产后最好哺乳期结束后再减肥。第二，哺乳结束后即便自己还想要减肥，能不能进行高蛋白减肥也需要再次来门诊评估一下。

问题2：孕早期的3个月，恶心呕吐吃不下去东西，又饿得很难受，怎么办？

答：孕吐很常见，可能是人体激素水平发生了变化了之后的反应，试试少量多次地吃。如果本身偏瘦，又吐得特厉害，且尿酮多个加号，那么可以看看产科或营养科，需要的话可以加点肠内营养粉或者通过输液进行干预。

问题3：孕早期能运动吗，还是需要静养？

答：理论上肯定是能运动的，而且运动是有益的。但对于备孕很辛苦的朋友们来说，要不要运动、怎样运动还是要严格遵医嘱。

问题4：甲亢合并肥胖、月经不规律，减肥没什么效果要怎么办？

答：甲状腺功能异常或不稳定的患者不要着急减肥，因为这时减肥效果并不会十分明显。先去内分泌科把甲亢调整好再开始减肥比较好。

问题5：在正规门诊减肥过程中发现自己怀孕了怎么办？

答：这是在营养科门诊很常见的现象。发现怀孕后应把减重方案停掉，换平衡膳食，从营养科的减重门诊转诊到孕期营养门诊就好。

减肥大实话

减肥期间可以吃花生瓜子等坚果吗？

坚果好吃吗？好吃。减肥期间能不能吃？不建议吃。因为一旦控制不住食用的量就会导致热量摄入超标。减肥饮食方案一般都会限制热量摄入，坚果之类的食物，尤其是盐焗的、蒜蓉的坚果，吃多了很容易导致油盐和热量摄入超标。有人说坚果里含有优质脂肪酸等营养物质，是一定要吃的，但是吃也有两个技巧：第一，在两餐之间吃，不能超过单手一捧，少吃盐焗之类深加工的；第二，等价交换，吃了一捧坚果后，做饭少放一勺油。对于正在严格控制饮食减肥的患者来说，建议适当吃，1个月偶尔吃个一两回，不要过量，不然容易让减肥效果大打折扣。

听说有种减肥方法叫做“点穴”减肥，这是真的吗？

“点穴”减肥不是正规的减肥策略，体会过的患者可能知道，在“点穴”的同时一般也需要控制饮食，即便能掉十几斤肉，但1个月后也很容易反弹。常看笔者写段子的患者看到这里会不会有熟悉的感觉？很多减肥方法挂着明星、“美国著名专家”、“澳洲日本新科技”之类噱头，但实质上就是饥饿减肥，这种减肥方法带来的结果往往是短期内掉的都是肌肉，一吃就反弹，人越来越虚，身体越来越差。与其去减肥中心花钱“点穴”，还不如去医院营养科看看。

初二/高二的女生要怎么减肥？

笔者曾经写过有关初二女生如何减肥的建议。提问者现在初二，问想不吃晚饭减肥可以吗，笔者认为这不是个好策略。饿肚子初期可能掉几斤，但这是饿出来的，而且减的全是肌肉，会造成基础代谢率下降，容易劳累，进而影响精力和学习，很快体重减不动了，因为代谢率低了，稍微一吃马上又变胖。初二学生想减肥，笔者还是建议有机会到医院看看，评估一下，千万别自己硬减，容易出问题不说，控制体重的效果也差。

其实，无论初二还是高二减肥都是一样的。第一，千万不要节食，尤其不要过度节食，特别是不要使用极端的节食策略（如催吐等）来减肥；第二，高中生减肥可以选择高考结束后的假期，趁着高考的冲劲还在，把握时机进行减肥正当其时；第三，家长也要出力。曾有家长问过这样的问题：女儿比较胖，每天不想运动，该怎样让她主动去运动减肥呢？其实女生进入青春期后，家长与其的沟通特别重要。这里有几个小妙招不妨悄悄试一下：把家里做菜的油和盐减少一半；把家里的碗和盘子换小一号；控制子女玩平板和手机时间减少一半。

家庭影响和榜样力量很重要，包括饮食、生活习惯等。所谓言传身教，强调的就是父母对孩子的影响，不能父母自我放纵而要求孩子健康饮食，那样会让孩子感到困惑，进而影响亲子关系。这里还有一件事要提醒家长和孩子：不吃早饭尤其容易肥胖！

不相信任何减肥产品，怎么可以健康地瘦到自己想到的体重？

第一，不相信减肥产品是对的。第二，想健康地瘦，要选择医学营养减重。第三，能不能瘦到自己想要的体重既要看基础体重，也要看方案执行，同时还不应该想把自己瘦成“纸片人”，那样既不现实也不健康。

吃过减肥产品减肥没减成功，该怎么办？

生活中常常有人因肥胖而焦虑，费尽心思想要减肥，最终去医院一查发现是垂体分泌的生长激素过多，或者是缓解焦虑或抗过敏的药物在起作用，又或者是甲状腺功能出现了异常，再或者是多囊卵巢综合征和胰岛素抵抗。但这时候也别犹豫，选择健康、合理、安全的减肥方式，可以到协和医院营养科门诊进行专业咨询。

减肥时一天应该吃多少水果？

可以伸出一只手并攥成拳头。拳头的大小就是笔者每天推荐食用水果的量。即便是水果爱好者，笔者建议每天最多也不要超过两个拳头大小的量。这个摄入量对于水果的种类没有要求，最佳食用时间可以放在两餐之间。切忌饭后吃水果，切忌不吃晚饭吃水果。

晚上没吃饭，嘴馋吃两粒冰糖会胖吗？减肥太难了怎么办？

吃一次不会，经常嘴馋那可就说不好了。另外，减肥难是客观规律，哪里有狠招呢？可以到协和医院营养科门诊进行专业咨询。

想减肥应该怎么吃才健康？哪种食物更有利于减肥？

怎么吃健康呢？均衡饮食最健康。那能减肥吗？通过正常的均衡饮食需要超严格地执行才有可能，而限能量平衡膳食则是可以的。所以限制饮食不是自行节食，而是在专业医生的指导下进行健康的限能量平衡膳食。

那么，有没有利于减肥的食物呢？

这个问题其实不好回答。食物有健康与否之分，如油炸，腌制的食物，其实不太健康，不建议想减肥的朋友吃，偶尔一两次调剂口味与生活的话，也许还行，但如果频率太高那就不合适。减肥也是一样，既要看食物本身，也要看频率和量。不谈剂量只看种类就有些不合适了。说到种类，科学研究的结果很明确，低血糖生成指数的食物有利于减肥，也能够避免减肥后的反弹。

曾有人问，减肥吃玉米面饼可以吗？可以的，减肥期间食用适当的粗粮、以低血糖生成指数食物当作主食，同精米细粮相比可以增加饱腹感，有一定的减重效果。但需要注意的是别“粗粮细做”，简单的玉米饼子即可，如果用油煎、椒盐、蘸酱等做法那还不如不吃。话又说回来，粗粮不细做不好吃，难以下咽怎么办？可以将 1/3 左右的玉米面混合 2/3 的大米白面。另外，也不要过于追求粗粮，像食用过多的豆类，对很多人尤其是尿酸比较高的人而言会让尿酸节节升高，痛风痛到痛不欲生。

《新英格兰医学杂志》上曾发表过一项最有名的减肥防反弹研究，该研究表明，预防反弹，以高蛋白质低血糖指数的膳食为最佳。

大麦青汁若叶真的能减肥吗？喝芹菜汁真的有减肥效果吗？为什么我喝了 10 天 1 斤都没瘦？

大麦青汁若叶、芹菜汁等并不能减肥。

节食减肥会导致新陈代谢减慢，那么不减肥了新陈代谢会恢复到原样吗？

不会，因为节食减肥往往伴随着骨骼肌的消耗，肌肉被过度消耗后基础代谢率才会下降，例如，某同学基础代谢率 1400kcal，那么他节食减肥，控制摄入到 1300kcal，能量负平衡后体重下降。因为节食多消耗的是肌肉，这样一来，基础代谢率将会降到1200kcal，这时候再吃1300kcal热量的食物，但能量却已回归正平衡，无法继续减重了。如果恢复正常饮食吃到2000kcal，能量正平衡800kcal体重必然会反弹。而且，多余的脂肪将很快挤压原本肌肉的位置，代谢率反而会慢慢地变得更低，并且再次反弹，一弹更胖。如此循环，人哪里还会有信心去减肥？

每天跳绳3000个，还做其他减脂运动，为什么3个月了体重仍然不变？而且发现只要不运动第二天就不会掉秤，通过饮食控制和大量运动减脂5kg后，最近为什么掉秤慢了呢？

这几个问题有类似，第一，可以联合饮食进行干预，第二，减重后代谢率变低，原来的能量摄入和消耗可能并不足以达到减重效果，而且减了一段时间后代谢适应了，达到一种平衡了，这时候就需要找个专业医生把脉了。

为什么减肥瘦了4.5kg腿却纹丝不动？

只掉4.5kg就想看到腿部的减肥效果恐怕不容易。第一，看体重基数，基数太大，肯定是没有效果的。第二，看减重时间，要是减重第1个月，这4.5kg里面恐怕包含了很多水分，减的都是水。第三，如果已经连续好几个月持续掉重4.5kg，已经减到第3个月或第4个月了，要是这时候还没有变化的话可以考虑加一点针对性的运动。

如何快速瘦身，尤其是脸？

常有人说能不能只瘦腿或瘦脸？应该怎么办呢？减肥一定是在整体减重的基础上再突出局部减的效果。如在减重的同时配合一部分针对性的活动训练，这样才可以达到瘦腿或塑形的目的。一上来就直奔“瘦脸”，说为山九仞，只想要最后这一筐土，这个要求其实有点高。那些说能达到的要么本身不太胖，瘦的要求本来就是“吹毛求疵”，要么就是依靠了辅助手段，如到整形科打了瘦脸针、瘦腿针。以上，提问者是哪一种情况呢？

易胖体质，怎么样可以健康地减肥？

其实没有什么易胖体质，减肥前不妨先想一想：第一，平时都吃什么；第二，平时进食的量有多少；第三，平时会不会运动；第四，基础代谢率如何；第五，是不是一些疾病或用药导致了肥胖？把这些事情都弄明白了也就知道自己是哪种肥胖了。可以找专业的营养科医生进行具体分析，并制定健康、合理、安全的减肥方案。

减肥后每天吃饭少油少盐，锻炼 40min，人在手术室做护士，为什么不掉秤？

医生护士有时候不太好减肥，因为工作强度大、经常值夜班、作息没规律，容易“压力肥”。如果每天锻炼 40min 了体重却未变化，那么可能是选择的方法有问题，如饮食控制得不合理、运动技巧有出入。如果单位有营养科的话，不妨去评估一下基础代谢率和身体成分，营养科医生的建议可能会给患者带来比较大的变化，当然也可以来协和医院临床营养科门诊减重。

健身房跟私人教练挺久，练过以后心肺功能、力量有提升，但减脂不明显，这是为什么？

饮食不干预，私教运动效果一定打折扣。曾有一位患者请私教在健身房锻炼，然后跟朋友们出去撸串，还喝了些酒，看见不远处桌子上小酌的教练，对他露出了尴尬而不失礼貌的微笑……在营养科门诊减重，笔者一般建议暂时不请私教，省点钱。如果请私教的意愿较强，那么可以找有运动资格证的私教。

为什么医生要求肥胖患者减肥？

因为是医生各种情况见得多，感同身受，很多人认为自己和肥胖的危害有很远的距离，但哪个单位一体检还没几个脂肪肝、高尿酸、高血脂的同事呢？医生们切身经历可能会更多一些，如因肥胖而重症胰腺炎丢掉半条命的、因怀孕问题导致家庭危机的、睡眠呼吸暂停精力不济出事故的、相关肿瘤风险增加的、心脑血管问题意外猝死的……还有一些因肥胖影响治疗的情况，例如，体重太大常规体重秤测不出来的、手术床躺不下的、把膝关节压坏的。

朋友说黑咖啡的瘦身效果挺明显的，有知道的吗？

“朋友说”实在是减肥路上的一个巨坑。正常饮用咖啡就好，无须买那些有各种噱头的瘦身咖啡。为什么喝了网络上一些号称“能减肥”的咖啡之后会影响食欲呢？就是因为这些来源不明的咖啡成分安全性未知，消费者并不清楚其中是否有违规添加药物等。其实，关于咖啡与健康的研究还真不少，骨质疏松、肝癌等，在此不再赘述。

减肥期吃减脂餐但没有饥饿感，是不是就没有起到减肥效果？

在大多数的减重饮食中，碳水化合物多是低 GI 食物，相对容易增加饱胀感，所以不一定会有饥饿感。饥饿感同减肥效果没有绝对的关系，有饿肚子的减肥，也有饿肚子减不了的肥。在协和医院减重门诊，很多患者纷纷感叹吃太多，减得还挺好。

体重 70kg，减肥跳绳到底会不会伤关节?

说实话这个体重应该还好，但是也要看跳绳的强度、关节有无基础病等。

每天跳绳 1000 个真的能减肥吗？如果能，多久能看到效果？跳了半个月了没掉几两肉，小腿的骨头都疼，还应该坚持下去吗?

每天跳绳 3000 个，还有其他减脂运动，为什么 3 个月了体重不变？而且还发现只要不运动，第二天就不会掉秤？通过饮食控制和大量运动减脂 5kg，但是最近为什么掉秤过于慢呢？这几个问题很类似，第一联合一下饮食干预，第二，减重后代谢率变低，原来的能量摄入和消耗可能并不足以达到减重效果，这时候，需要找个专业医生把把脉了。

节食，但每天保证营养摄入，身体会出现哪些变化?

一般靠毅力自行节食可能会出现便秘、脱发、疲劳、抵抗力下降、睡眠差、容易反弹、厌食等身体变化，症状出现的频率和强度与自己的基础体重、减肥方式有关。节食的同时又要保证营养摄入，这个难度系数真挺高，建议找专业医生咨询。

不吃主食可以减肥吗？想通过不吃晚饭减肥但又怕饿，怎么办?

不可以，减肥过程中尤其注意不要不吃晚饭、只吃点水果的行为。不吃晚饭减重的故事发生过很多，而不吃晚饭也成了很多人愿意采用的减肥方法。但它最大的问题是刚开始一段时间似乎有点效果，能减掉这么几斤，但在一段时间后就会发现体重减不动了，而且稍微一吃马上就报复性反弹，且一定弹的比原来还胖。

如何减肥啊，不吃饭饿得瘦了 10 多斤算正确的减肥方法吗？少吃真的可以减肥吗，从年前到现在 3 个月饮食控制了一半，怎么结果体重还是没变化?

使用这样的方法短期的体重下降多归功于饥饿，掉的体重往往是肌肉多于脂肪，所以，很快就会反弹回来，且容易因骨骼肌消耗造成体能状态下降、抵抗力下降等。减肥和吃好不矛盾，所以，笔者不建议不吃晚饭减肥，这里有两个小技巧：第一，试试把午饭的三分之一挪出来晚饭吃；第二，试试用玉米或土豆适当地替代主食，并且控制一下晚上的油盐摄入。提醒一下，有些人空腹吃红薯等薯类会烧心，自己要酌情采纳。

为什么在减肥初期运动加控制饮食体重几乎没有减轻？

多半是减肥方法有问题导致未能有效减重。或者是执行力有出入，该限制的没有好好执行。

坐月子是减脂黄金期，把握时机 42 天掉秤 15kg，如何办到？

不建议！这个时期上强度减重最大的问题可能是影响哺乳，不利于宝宝发育。如果不哺乳或有其他原因，那么还是建议找个医生给点个体化建议。

想问一下正常饮食的话，无论是减脂还是增肌训练会有效果吗？

正常饮食的话可能稍微有点难度。不过如果是限能量平衡膳食的话会有效果，可以来协和医院减重门诊看看。

不论怎么锻炼，总是减不下来，喝水都长肉。这样的体质健康吗？

“喝水都长肉”是个伪命题，常见于 40 岁、50 岁左右的女性。看似什么都没吃，但是仔细一捋的话，肉汤、点心、奶油、坚果、冰激凌、巧克力等吃的并不少。这个年龄段有可能代谢减慢，体重相对容易增加，但是油和盐其实是可以少吃的。

如何局部（肚子）减肥？本身不胖，但是肚子上赘肉太多，怎么办？

亚洲女性肚子胖是很常见的现象，也就是人不胖甚至偏瘦，但肚子上有赘肉，想要改善这一情况可以通过以下两个小技巧：第一，控油盐，增加优质蛋白摄入；第二，可以针对性地做卷腹等运动。

说着要减肥但是管不住嘴，体重一直减不下来，请问有什么方法能更好地减肥呢？

管不住嘴是常态，管住嘴哪有那么容易？需要技巧、方法和付出……方法千千万，医学营养减重，安全有效不反弹，想要减肥的可以尝试一下。

脊椎出了点问题不能跑步，如何减肥呢？

跑步不是唯一的减肥运动方式，脊椎有问题的话可以通过饮食控制减肥，可能效果更佳。至于能不能运动、如何运动，可以去医院看看专业的理疗康复科。

减脂，跑步好还是撸铁好？

从文献研究看，抗阻运动可能效果更好。在实践中，人的本身体重也很关键，其次，能做到、能坚持的运动更合适。

糖尿病人可能通过一段时间的减肥、运动然后使血糖正常吗？

通过饮食运动减肥治疗糖尿病，这个问题 2018 年以前真不好回答。2018 年，英国的 DIRECT 研究发现，单纯营养减重可有效缓解糖尿病，在后续 2019 年的随访研究中，该成果得以继续保持。对于糖尿病早期合并肥胖或代谢综合征者来说，减重可能缓解糖尿病。当然了，具体策略还应咨询营养科医生，不要自己乱节食减肥。另外，除了营养减重外，减重手术或代谢手术也是治疗糖尿病的重要方法，相关内容已经写入了国内外多份糖尿病治疗指南中。

对身边天天嚷嚷减肥却控制不住饮食的肥胖者有没有反感呢？为什么？

天天嚷嚷减肥却控制不住饮食的人太常见了，这是人之常情。减肥本身就是和自身激素乃至客观规律做斗争的事。控制饮食、合理减肥是一门专业，反感没有用，得讲究策略。

减肥期间失眠了有一个多星期，为什么？

这个例子也很常见，减得太成功了，高兴极了，兴奋得睡不着。也有可能是减肥过程中改变了自己的生活节奏。第三种情况是减肥效果不好，发愁得睡不着觉。提问者是哪一种呢？

健身车真的可以减肥吗？由于疫情缘故不能出门，这几天才情况好转。没事在健身车上骑了半个小时，真的能减肥吗？

健身车或椭圆机是相对安全有效的运动器材，每天适当的强度和量可以起到减重的作用。当然了，联合饮食和营养健康规划效果更佳。

只想减脂，不想长肌肉该怎么办？

为山九仞，却只想要最后一筐土，这个要求有点高，可以来协和医院营养科门诊看看。

为什么网络上一些减肥的咖啡喝了之后会影响食欲呢？

网上的减肥药物、产品一定不要乱吃，其成分不明，有没有违规添加药物不知道，有没有安全验证也不知道，没准儿用户就成了实验的“小白鼠”，多少后悔药都来不及买！

坚持每天慢跑 2.8km，两周后减肥会明显有效吗？脚受伤了怎么运动减肥呢？

这俩问题正好衔接上了，要是基础体重过大，即便是慢跑也容易出现关节损伤、足底筋膜炎等问题，正好接上第二个问题，做点不用脚的运动是可以的，如卷腹。

减肥对外貌的改变有多大？

很大。一方面，体积和重量变小了，看着更有和谐之美；另一方面，相由心生，减肥对人本身是一种历练，经过困难砥砺人会变得更美丽。

生完孩子一下子能轻多少斤？如何把握减脂黄金期掉秤 15kg？产后如何减脂不少奶呢？

哺乳期不建议减重，稍微一上强度哺乳就可能受影响，为了宝贝的健康成长，这时候不建议严格减重，但健康均衡的生活方式是可以有的，如适当控制油盐、适当吃粗粮、先菜后饭等，最后，一定要注意保证液体摄入量足够。

吃辣的火锅或吃辣的食物可以起到减肥的作用吗？有何依据？

所料不差的话，火锅中的辣味来源可能是辣椒素？不要听说什么素可以减肥就去吃，很多研究是体外的、理论上的、来自动物实验的，尚缺针对大样本人群的研究做参考。

减肥成功的人可以给那些减肥一直失败的人提些建议吗？

来北京协和医院减重门诊看看。

只运动不节食会有啥效果？

取决于胖的程度，对本身较瘦但自己觉得自己胖的那种“胖人”比较有效，对真的胖但不够胖的人，有一定效果，对真的胖、足够胖的人来说，作用不大，而且方法不当特别容易造成运动损伤。

每天跑 4.3km 能减肥吗？

这个需要先进行评估。

跑步后大腿变粗了怎么办？

不经专业评估盲目运动就会造成不理想的结果。一方面，即便营养跟得上也得讲究配合；另一方面，合理的运动真的需要技巧。所以，专业医生的评估和建议很重要。

怎样锻炼减肥效果最好又可以长期坚持？

锻炼的策略很多，有人说有氧运动不能少，有人又说抗阻运动得跟上，各种大师专家网红说法太多。其实，关于合适运动的科学研究也有很多，能长期坚持的往往是自己最方便做到的，哪怕是办公桌上放个矿泉水，没事当哑铃玩一会儿呢，谁还没花钱办过张健身卡，关键是咱去么？

让一个胖了十几年的人减肥有希望吗?

借用一句名言,“人生无非等待和希望”。不试试怎么知道,瘦个二三十斤很多时候甩掉的不仅仅是肥肉,还能放飞了心情,兼颜值与健康而有之,事业发展和机会都将到来。

并不是单纯的肥胖,该怎么减肥?有没有不是单纯性的肥胖?

有。例如 Leptin 基因缺陷、Cohen 综合征、Prader-willi 综合征、库欣综合征、甲状腺功能异常等,看着这些名字想必也知道了,得找个专业医生进行评估。

怎么改掉爱吃主食的毛病?

爱吃主食不是错,与减肥也不矛盾,只是有些策略和技巧,例如,稍微加点小米和玉米,先吃菜后吃饭,控制咀嚼次数等。

怎样可以 1 个月内瘦 5kg ?最好是不节食也不容易反弹的那种?

第一个问题其实不难,大多数的减肥中心都可能做到,没啥特殊的。稍微饿一饿或是动一动成绩就出来了。不过,做到不节食不反弹这个就有技术难度了。不妨来北京协和医院营养科门诊看看。

瑜伽可以减肥吗?

一般的瑜伽强度可能不太够,不一定太快有效果。瑜伽是可以减肥的,2017 年的一个研究针对印度肥胖男性,研究组做瑜伽,1 周 5 天,每天 1.5h,干预 14 周后跟对照组(只是散步)相比较,发现瑜伽组减重效果好。总之,做做瑜伽比坐着不动好。

怎样坚定减肥的信心并持之以恒?减肥需要信心吗?

需要,做任何事情都需要信心。持之以恒?全指着自我毅力行不行?真心话是大多数时候不太行,行的话本身也不能这么胖。谁还没有个早上立志减肥,晚上来顿火锅鼓鼓劲,第 2 天该干嘛还干嘛的时候?能坚持不懈地减肥是需要专业技巧的。

仪式感真的那么重要么?

很重要,这是减肥的态度问题。态度有问题,方法再对效果也一般。

认真减肥为什么不瘦?

关键是方法得对路,方法不对,越认真错得越厉害……

怎样减肥既健康不反弹又不至于饿肚子？有没有好一点的食谱推荐？减肥不就是给个食谱吗？

事实真是如此吗？网上随便搜索一食谱就能瘦，说出去有人相信吗？减肥跟吃有关系，但一定不是只一个食谱的事。

减肥吃够基础代谢了，差不多 1500kcal，但是出现了便秘的情况，怎么办？

减肥期间出现便秘很正常，原因很多。应对策略方面，简单地说，一要保证水量够，二要保证水溶性纤维够。

身高 186cm，体重 120kg，跑步合适么？

不是太合适。这个体重跑步一则强度不够减不动，二则稍微一多动膝关节和踝关节负担重，往往是体重未减先伤了关节，做点不用腿和少用腿的活动可能更佳。

有哪些适合女生减肥时吃的零食？

西红柿和黄瓜算不算零食呢？这是一个问题。

疫情结束了，有什么方法能快速减肥？

最为有效的减肥方法是什么？减肥方法千千万，有没有这么一种：为人量身定做、不用饿肚子、减肥效果好、不太会反弹、不用花大钱，最重要的是健康地减？真有这种好事吗？不妨来北京协和医院临床营养科减重门诊看看。

那种奶茶热量最低？

减肥不能喝奶茶，奶茶没有热量低的，最低的也比平衡膳食要求的高。

有没有可以减肥的塑形产品？

没有，有这种好事别忘了通知笔者。

绝食大量喝水可以缓解戒烟引起的肥胖吗？

戒烟容易肥胖，这是比较常见的现象，但是通过绝食和大量喝水来应对并不是什么明智的办法。戒烟后减肥，要用科学的方式，需要做做评估。

有没有快速减肥的方法？

最快、最正规的减肥方法可能是减肥手术。这里说一点稍微专业的话题，笔者这里做减肥的研究，发表减肥的论文，最短的减肥周期是 3 个月，比这个时间短的基本没有意义，因为稍微好一点的研究都要观察 6 个月乃至 1 年，甚至有观察 10 年的研究。也就是说，减肥成功的最低标准至少要观察 3 个月后的减肥效果，说 1 个月甚至 1 周减肥怎么成功的可以在 3 个月后再看看效果。

凡事都有例外，有人要上镜、要照结婚照、要参加面试、要参加婚礼……短期内有没有体重快速下降的方法？

可能有一些技巧，这个可以看看门诊，同大夫聊一聊，做个万全之策，千万别自己下狠手，也别找减肥中心下狠手。部分患者可能看过一部叫《钢之炼金术士》的日漫，其中提到有一个等价交换的原则：得到的和要付出的一定是等价的，失去的东西一定会后悔。因此，不妨找个营养科的专业医生聊聊。

减肥了 3 个星期越来越重是为什么？

最常见的原因是减肥策略可能有点问题，或者本来也不胖，再加上一练习，长的全是肌肉。

明明已经下定决心减肥了，为什么第二天看到肉又忍不住了？

喜好美食是人类的天性，不是人自己没有毅力，而是人的基因和激素决定的。这么说有没有感觉负罪感有减轻一些？在这种情况下对抗客观规律和激素需要专业的指导。

室性早搏减肥好吗？

首先得看胖到哪种程度，不少肥胖的患者第一次查心脏彩超的时候发现自己左心增大，这是因为体重太大了，发动机代偿性增大。不过引起室性早搏的笔者见得还不多。其次，室性早搏可能多半有先天或其他的问题，需要找心内科医生评估一下是否需要干预，这时候减肥，尤其是运动减肥，一定要仔细再仔细地评估，不要盲目上强度，别用生命去减肥。最后，可以通过营养减重来达到减肥的目的。

不小心吃了过期的减肥药怎么办？

如果有需要，建议咨询专业的医生。

减肥有成效，但是才买没多久的裤子都变肥了，怎么办呢？

笔者的朋友们来门诊经常被笔者提醒最近别买贵的衣服，省得浪费。一位朋友买了件挺贵的皮衣后找笔者减肥，一个月后专门花钱改小，所以可以在减肥完成后再购买。

很多肥胖是产后造成的，产妇该如何控制体重呢？

第一，哺乳期不建议减重。第二，胖往往是因为补过了，所以在保证液体摄入量的基础上可以把油和盐往外挤一挤。第三，讲究吃饭技巧。第四，过了哺乳期后来门诊。营养科门诊会对肥胖患者有全程的监测：怀不上孕的，男方控制体重增加精子质量，女方控制体重提高受孕几率，很多肥胖合并多囊的患者中药西药一大堆地吃，钱没少花但效果不显著，到营养科问诊之后就幸运地怀上了；已怀孕的合理控制体重，对胎儿发育、妊娠期糖尿病等问题进行规划；顺利生产，哺乳期别太关注体重和担心哺乳不好影响婴儿；恢复期再找医生想办法变“辣妈”。

胖且多囊，做不到减肥也生不出孩子，该和老公离婚吗？

因其他原因离婚在这里医生并不能多说，但因为多囊卵巢综合征而离婚则实在没必要，有机会看看门诊，治愈的方法有很多。

医生总是翻来覆去地说肥胖危害大，每逢单位体检，总有大半的人有脂肪肝，肥胖真的有这么可怕？

真话不好听，肥胖的朋友可以和医生聊一聊，具体了解肥胖带来的危害以及健康的减肥方法。

“说你胖就喘上了”这句话是什么意思？

可以做个调查，问问家人睡觉呼噜打得厉害吗，会不会好好的节奏中间停了一个八拍？要是有的话，那还真得留心了。太胖了会影响气道，可能就会出现睡眠呼吸暂停。

为什么春天比夏天减肥效果好呢？

主观上，春天减肥成功正好夏天穿漂亮的衣服，夏天减肥成功只能明年夏天再穿漂亮的衣服，到时候没准儿都不流行了，所以多数爱漂亮的人春天动力更足一些罢。

同样是减肥，朋友盯着的是“你掉了几斤”，减肥中心盯着的是“你的钱包”，只有医生盯着的是“你的健康”。这话说得实在吗？

俗话说，“一白遮百丑”，美白，白美。美美的同学们肥胖后就会发现脖子后、腋窝下……变出来黑黑的条纹，怎么洗都洗不掉，怎么回事儿？这种现象叫做黑棘皮病。

有人觉得自己的胖是遗传证据是爸妈都胖，自己也是打小就胖。

事实上真正的肥胖遗传不到1%，如Leptin基因缺陷、Cohen综合征（脑－肥胖－眼－骨骼综合征）、Prader-willi 综合征（肌张力、智力、性腺功能低下－肥胖综合征）、Lanrence-Moon-Biddl 综合征（性幼稚－色素性视网膜炎－多指畸形）等，基本都是一些罕见病。

减肥有没有捷径？

一般人笔者都不告诉他，还真就有。

减肥手术，尤其适合肥胖合并糖尿病的患者。在肚子上打几个洞，之后进行腹腔镜手术，既能减肥又能治糖尿病，两全其美，这还真不是瞎忽悠，都写进了国内外肥胖治疗指南，确实是快速地和肥胖断舍离的不二法门。

把孩子送到“减肥训练营”减肥有效果吗？

可能有效，高强度的运动会带来减肥效果。然而，很多人结束不长的时间后就会开始反弹，一反弹一定会比原来更胖。这是因为脱离集体强化的环境后效果很快就没了，特别容易出现报复性大吃大喝。

和成年人不同，肥胖青少年的体重管理关键在于不能忽略生长发育的营养需求，要避免短期内体重迅速下降或体重降得太低，以免“过犹不及”而出现严重的临床后果，减得不长个儿和减得心理出问题的例子并不少见。

彩蛋：想要长胖怎么办?

减重文章评论里总有人建议讲讲增重。

笔者比较瘦，出“医学营养减重门诊”，据反馈，利于大家建立信心。

其实，工作 10 年，看得更多的反而是各种各样的瘦者：笔者这类人总是“五行缺肉”，怎么吃都不胖，偶尔多吃点胃肠道马上不舒服，又瘦了二三斤。

在这个喝水长肉、全民皆胖的时代，有人想胖而不得？事出反常必有其因。很多时候仅仅一个消化不好是解释不了这种现象的。从医生的经验上讲，要先排除疾病，先把全身性的、比较严重的疾病排除，再从消化方面找原因。

长不胖的患者一定要注意全身性的问题，如糖尿病，吃得挺多，瘦得不少，稍微一检查糖耐量或糖化血红蛋白就确诊了；又如甲亢，眼睛往前突，很多人都意识不到，又有些人眼睛没有征兆，只是基础代谢率增加，看谁都不爽，怎么吃都不胖，这反而容易被忽略。这种瘦人体检一定得查一查甲状腺功能。

还有一些严重的疾病，如肿瘤。有些年轻人。工作压力大，生活不规律，经常性地有典型的腹胀、体重下降等现象，一检查就被发现是胃癌晚期，这样的年轻人临床上也能遇得到；如结核；如免疫系统疾病累及消化道……

还有心理和压力问题，除了“压力肥”，也有“压力瘦”，笔者见得比较多的是小女孩学习压力大，比较要强，结果越来越瘦。

在临床上先把这些问题排除后，再把眼光落在消化系统上。

有没有过消化道疾病既往史，如以前暴食引起胰腺炎，恢复后一吃油就拉肚子，为“胰”消得人憔悴；如幽门螺旋杆菌阳性、慢性胃炎，吃一口就胀，晨起后口干；如炎症性肠病，20 世纪 80 年代以前只在国外有，随着我国生活水平的提高，这一疾病的患者越来越多，具体表现为粘液脓血便。

消化道的重建，如做过手术（胆囊切除、胃大部分切除、小肠部分切除等）会导致消化系统的结构发生变化，对其功能一定会有影响，那么如何平稳过渡、少走弯路？这可能需要专业营养医师的帮助。

有没有消化系统结构异常（如十二指肠瘀滞）？简单来说，因为瘦，人的肚子里没脂肪，所以撑不住肠系膜上动脉和腹主动脉的夹角，这会压迫十二指肠，引起呕吐腹胀、体重下降、营养不良，单纯依靠手术治疗往往预后不佳，要慎重。又如胃下垂，嘴里刚喝一口水，瞬间就能到达盆腔。

虽然以上几种情况并不多见，但在互联网 + 时代这些患者更容易抱团取暖，几个病友告诉笔者她们组建了 QQ 群交流病情。

欲增重者来就诊，笔者一般会按照这个思路去排查，同时会给他们进行专业的营养筛查和评估，如 NRS2002，PG-SGA，MNA-SF 等，如果评定结果为营养风险或不良，就建议患者接受专业的营养干预。

对于生活中的人们来说，笔者这里有两个简单的办法可供参考。

第一，BMI<18.5kg/m^2；第二，BMI 虽正常，但近期出现非减重 / 主观性的体重显著下降。

想要增重或者已经被医生认定为营养风险或营养不良的患者可以参考下面的策略。

首先，到正规医院的消化内科、内分泌科、外科、心理科和营养科就诊，明确病因。别“头痛医头”，治标不治本。

然后，可以考虑对症治疗。如使用促进消化的药物和胃肠动力药物等。

之后，肠内营养。增重一定不是单纯一句使劲儿吃就能解决的问题，直白点说，使劲儿吃要是有效的话人早就胖了。在排除病因的同时，可以考虑加用肠内营养，名为肠内营养，实则是药品。

对于部分因疾病导致营养不良的患者而言，肠内营养不仅是营养支持，更是治疗手段。通俗地说就是按照制药工艺把各种营养素汇总到一起，同普通食物相比，药品的成分更明确，营养更全面，稍加消化甚至无须消化即可被吸收。往上溯源，这类药品最初是开发出来给宇航员使用的。目前国内随着药品生产逐步规范化，其中一部分没有药品注册的，也被叫作特殊医学用途配方食品，其形式多样：有粉状的，像小朋友喝的奶粉一样；有液体的，像瓶装饮料。而其味道也有甜的，有苦的，有比豆汁还难喝的，满足各种口味和需求。有糖尿病专用的，有肿瘤专用的。这些药品通常由医院开具，使用上应遵医嘱。

还有两个细节可能对患者有帮助：一是要足量，没有剂量关系都不建议服用；二是慢慢喝，啜饮更佳。经口服而增加体重，肠内营养是不二选择。但对于严重营养不良者来说，有时甚至需要通过胃管等鼻饲来进行肠内营养，更严重的还要静脉输注肠外营养。当然，这些更加需要专业手段，多在医院里进行。毕竟增减体重，“我们是认真的”。

最后，吃饭是个技术活，由于自身疾病状况、身体条件不同，质控较难，目前针对吃的技巧与增重的效果关系还少见高质量的研究。从经验上来说，被诊断为营养不良者如不加肠内营养，单纯通过饮食可能难以纠正，但讲究了吃的技巧后，患者普遍反馈是舒服多了。所以以下内容读者可斟酌使用。

关于吃的技巧。有人说自己每天 3 顿饭吃了几十年，还要学习吃饭？但对于想要增重的瘦子来讲，吃饭是需要技巧的。

第一，少量多餐，可能是患者问医生怎么吃时得到的最常见回答。所谓“少量”即七八分饱就行，这里有个简单的判断方法——觉得还能再吃两口的时候就别吃了，“月满则亏”，欠一口可能状态正好。多餐怎么操作？不一而足。多数人可以考虑在 3 餐以外，将 2 餐之间和晚餐到睡前之间作为 2~3 个加餐的时间，加餐内容包括水果、酸奶等。也可以试试将午餐或晚餐的 1/4 或 1/3 挪出来加餐用，把 3 顿饭的量拆分成 5~6 次吃。

第二，增加咀嚼次数。细嚼慢咽只是一句空话，很难让人长期坚持，可以手机设个闹钟在餐前提醒自己一下。很多人反馈说嚼 15~20 下后嘴里基本就没什么东西了；但这种行为干预对于体重管理，无论减重还是增重都有用，对减重利于防止反弹；对增重利于减轻消化负担。

第三，饭后俯卧 3~5min。这适用于存在胃下垂或十二指肠瘀滞的患者。

关于吃的内容，这方面我国的食文化博大精深，从鸡胰腺到人胎盘，种种食材让人眼花缭乱，一些“健脾祛湿”的食材远远超出笔者的认知范围，所以不敢置喙。下面只从常规路径上谈一谈。

其一，少喝汤。很多人都爱喝汤，觉得又鲜又补，实则不然。汤里营养少、油盐多，对常人来说也许无所谓，但对于瘦人来说，喝汤可能弊大于利，即便“把油都去掉”也是如此。经常有人在腹部或妇科手术后喝汤喝出来乳糜腹水……

其二，少吃可能让人不适的食物，如有人对冰凉的食物很敏感……

其三，要吃“软饭”，温和的主食要多蒸煮一会儿，这样更易消化。

其四，优质蛋白不能少：白水煮鸡蛋清（不过敏的话）来两个，性价比高；清蒸瘦肉泥可以尝试；脱脂奶喝起来；豆制品别去深加工。

其五，蔬菜瓜果都要有。多吃蔬菜尤其是叶菜，水果可以榨汁后加温或蒸一下。与受凉不适胃肠不蠕动的难过相比，这点营养素的损耗对瘦人来说可以忽略不计。

综上，老是不胖或者近期非自愿体重下降明显的人可能需要到医院就诊；急需长胖的话肠内营养是个好选择。吃饭还是得讲点儿技巧。

参考文献